滑坡灾害预测模拟及监测预警系统

谢谟文　李清波　刘翔宇　著

科学出版社

北　京

内 容 简 介

本书是作者数年来在滑坡灾害预测模拟及监测预警系统方面所取得研究成果的总结。本书将 GIS 技术、滑坡监测技术及空间评价方法、滑坡运动模拟与滑坡灾害综合评价相结合，实现基于 GIS 的边坡三维极限平衡模型和算法，以及降雨入渗与三维边坡极限平衡相结合的耦合模型；提出相对位移速率比的滑坡空间评价指标，将 SPH 方法与物理力学模型相结合应用于滑坡运动模拟中，在理论上解决了滑坡灾害定量力学评价模型的难点，实现了对滑坡的定量评价、预测模拟及监测预警信息化管理，以期推动滑坡灾害的精细化预测模拟，提高预警预测精度和提升预警能力。

本书可供从事地学、滑坡灾害、岩土工程、工程地质等方面研究的科研人员及高等院校相关专业的师生阅读、参考。

图书在版编目(CIP)数据

滑坡灾害预测模拟及监测预警系统/谢谟文，李清波，刘翔宇著. —北京：科学出版社，2018.6

ISBN 978-7-03-057698-9

Ⅰ. ①滑… Ⅱ. ①谢…②李…③刘… Ⅲ. ①滑坡-地质灾害-预警系统-研究 Ⅳ. ①P642.22

中国版本图书馆 CIP 数据核字（2018）第 122791 号

责任编辑：童安齐 / 责任校对：王万红
责任印制：吕春珉 / 封面设计：东方人华

科学出版社 出版
北京东黄城根北街 16 号
邮政编码：100717
http://www.sciencep.com

三河市骏杰印刷有限公司印刷
科学出版社发行　各地新华书店经销
*
2018 年 6 月第 一 版　开本：B5（720×1000）
2018 年 6 月第一次印刷　印张：10 1/2
字数：200 000

定价：98.00 元

（如有印装质量问题，我社负责调换〈骏杰〉）
销售部电话 010-62136230　编辑部电话 010-62139281（BA08）

前　言

信息技术快速发展的同时也大大促进了其他学科的发展，也改变着传统的科学研究方法。滑坡灾害的预测模拟及监测预警已成为广大地质科研人员十分重视的科研课题。对于滑坡灾害的预测预报，应包括对滑坡发生的空间预测、范围预测及时间预报。本书是作者近 10 年来在滑坡灾害预测模拟及监测预警系统方面研究和实践工作的总结。本书将 GIS 技术、滑坡监测技术及空间评价方法、滑坡运动模拟与滑坡灾害综合评价相结合，实现了基于 GIS 的边坡三维极限平衡模型和算法，以及降雨入渗与三维边坡极限平衡相结合的耦合模型，提出了相对位移速率比的滑坡空间评价指标，将 SPH 方法与物理力学模型相结合应用于滑坡运动模拟中，在理论上解决了滑坡灾害定量力学评价模型的难点，实现了对滑坡的定量评价、预测模拟及监测预警信息化管理，以期推动滑坡灾害的精细化预测模拟，提高预警预测精度和提升预警能力。

本书由谢谟文负责撰写第 1 章、第 4 章和第 5 章，李清波负责撰写第 6 章和第 7 章，刘翔宇负责撰写第 2 章和第 3 章。全书由谢谟文统稿、定稿。此外，北京科技大学空间技术减灾研究所的柴小庆、许波、胡嫚、何波、王立伟等研究生也参加了与本书相关的研究工作，在此深表谢意！

本书相关研究工作得到了国家自然科学基金委员会、北京科技大学空间技术减灾研究所、国核电力规划设计研究院、黄河勘测规划设计有限公司、中国地质环境监测院、中国电建成都勘测设计研究院、长江三峡勘测研究院等单位的资助和支持，深表感谢！

目　录

第 1 章　绪　　论

1.1　滑坡灾害研究的意义

滑坡是一种常见多发的地质灾害，在全球范围内分布很广。滑坡作为仅次于地震的第二大地质灾害，其破坏能力巨大，给人类生命财产安全造成威胁。因此，开展滑坡监测及综合时空分析、模拟滑坡灾害影响范围等研究工作，可以避免和减轻灾害损失，具有十分重要的现实意义。

有效的滑坡灾害体监测方法，是避免或减少灾害造成较大损失的关键技术之一，通过对滑坡体进行灾害发生前的监测，不但可以了解和掌握滑体的演变过程，把握滑坡体运动位移特征，还能为滑坡的预测预报提供基本的数据支持，具有重大意义。

滑坡监测由早期的简易观测朝着高精度、自动化、远程化的方向发展，进而使获取的监测数据量相当庞大。因此，对海量监测数据进行高效的管理和分析成为准确掌握滑坡演变过程及特征的关键环节。滑坡是一个空间实体，具有很明显的空间特性，而以往的监测数据分析和预测方法针对测点的数据本身进行，分析结果欠佳。因此，研究滑坡监测数据的空间分析技术，综合考虑监测点的数据与其空间位置及周围的地质环境特征，从空间层面上对监测数据进行分析和挖掘，获取滑坡的变形特征信息，具有很重要的学术价值和现实意义。

1.2　滑坡监测及预测研究现状

滑坡监测技术的发展与监测设备的发展密切相关。先后经历了宏观地质经验观察阶段、简易观测阶段、仪器监测阶段，并进一步朝着高精度、自动化、远程化的方向发展。宏观地质经验观察法是一种定性的观测手段，由于早期缺少仪器设备，必须人工亲临现场，观察滑坡的表面变形特征、地表水出露、地下水位突升、动植物异常等来评判滑坡的安全状况。简易观测法是早期的定量监测方法，如测量两点间距的拉线法、测量裂缝宽度的木桩法、旧裂缝填土陷落深度的肉眼观察法等。随着科技的发展，各种监测仪器，如经纬仪、水准仪、测距仪、倾斜仪、全站仪、测缝计、渗压计、应力计等相继涌现。它们使滑坡监测开始进入半自动化、自动化阶段。近年来，全球定位系统（global positioning system，GPS）测量、近景摄影测量技术、声发射法、时域反射技术、激光扫描仪等高精度监测仪器也开始被用于滑坡监测领域。伴随着网络及遥感技术的发展，光学遥感、微波遥感及合成孔径雷达等远程监测技术应用于广域滑坡的识别方面，实现了滑坡的面状监测。目前主要的滑坡监测方法按照监测的内容大致可以分为地表变形监测、内部变形监测、环境因素监测、地音监测、支护结构监测、巡视监测。

目前对常规监测数据的分析方法有过程线、分布图和相关图，分别用以表达物理量随时间的变化、物理量在某一监测断面或钻孔中的分布以及两个监测量之间的相关关系等，从而直观地判断滑坡的演变过程及变化特征。

过去的几十年中，数值方法的发展极大地促进了滑坡模拟研究的进展，基于网格划分的数值方法仍是目前学术研究与工程应用中的主流方法。但由于自身的网格属性，其仍存在着一定的局限性，如在计算大变形、运动物质交界面和自由表面流动等问题中网格畸变会导致误差过大或计算终止。由于这些固有的局限性，无网格方法在此背景下应运而生。作为发展最早、目前最为成熟的无网格方法——光滑粒子流体动力学（smoothed particle hydrodynamics，SPH）方法的纯拉格朗日性质，使其在自由表面流动、移动界面和大变形问题的解决方法中脱颖而出。

1.3 滑坡空间评价方法

安全监测是发现及预测滑坡灾害最直接且可靠的方式，而对监测数据进行及时高效的分析是监测预警中的核心内容。传统的数据处理方法如历时曲线图、分布图等可视化程度不高，无法直观地反映监测数据与其赋存地质环境之间的关系。滑坡的预测也仅基于单点的监测数据进行建模，忽略了其空间特性。地理信息系统（geographic information system，GIS）及互联网技术的高速发展为滑坡监测信息及其赋存地质环境的空间可视化、实时分析及趋势预测提供了一个功能强大而又方便、有效的分析平台。

由于国内外基于 GIS 的监测数据分析侧重于滑坡监测对象的空间分布，以及实现空间对象和监测信息的交互查询，而对空间分析研究较少，未能形成系统的空间分析方法。

本书基于 GIS 的空间分析功能，将滑坡的地质信息和监测数据相结合，系统地研究了监测数据的空间分析方法，从不同角度反映了监测数据的空间分布特征，从而能够准确而客观地评价滑坡的空间变形特征。针对单点预测的现状，提出采用相对位移速率比评价单点变形阶段的标准，并结合空间分析技术，探讨基于多点监测数据的滑坡综合时空评价和预测的相对位移速率比分析方法，从而快速地辨识滑坡的整体变形状态及滑动变化情况。

此外，本书以高效、高精度的计算机数值技术预测潜在的影响范围，建立基于地理信息系统（GIS）平台的滑坡粒子模型生成的方法与三维 SPH 模型，并提出应用该模型进行土质滑坡模拟的方法；通过与土质滑坡实例的对比和分析，验证改进方法下的三维宾汉流体本构 SPH 模型是比二维模型更精确的模型，且适用于流动型滑坡的运动模拟。

第 2 章　基于 GIS 的边坡稳定评价模型

2.1　GIS 栅格数据与边坡三维极限平衡的柱体分析方法

地理信息系统（GIS）可对与所有空间相关的科学提供一个公用的平台和通用的数据结构，近年来其在土木工程中的应用也越来越广泛。GIS 提供一种多功能的工具进行空间数据分析和表现，其相应的数据均存储于空间数据库中。GIS 既可以大大缩短数据准备和处理的时间，还能处理来自不同数据源的信息。可以预见，GIS 数据形式将成为空间数据处理的基本数据形式。

尽管许多工程师都知道 GIS 技术，但其强大的分析能力和潜能还未被深知。大多相关的文献局限于大区域的课题，如土地利用分析、环境分析及水文分析等。实际上，在小规模的课题研究中，GIS 的应用也是可能的。

对于三维边坡问题，其稳定性取决于复杂空间分布的地形、地层、岩土力学参数及地下水等因素，但这些空间分布的信息很难在一般的边坡三维稳定分析程序中进行处理，而 GIS 恰好提供了一个公用的平台来处理这些复杂的空间信息。

由于所有边坡相关的数据在 GIS 中均能转换成 GIS 栅格数据，基于柱体单元的边坡三维稳定分析模型均可采用 GIS 栅格数据集进行分析。地层、结构面和地下水位等边坡相关的信息在 GIS 中通过 GIS 数据层来表示，它们可以是栅格数据或矢量数据。矢量数据的三种基本形式是点（point）、线（line）、面（polygon），其相应的属性数据保存在数据库中。栅格数据是用均匀分割的栅格来表示的，一个栅格代表一个属性值，如高程等。对于一个边坡，可以用一组栅格数据集分别表示地面高程、地层、不连续面、地下水及力学参数等。

如图 2-1 所示，对于一个实际边坡，首先将边坡相关的地形和地质信息抽象为 GIS 层。一般来说，以矢量数据形式表现的为多，如地面等高线、钻孔资料及滑面岩土力学参数分区等。在 GIS 中，利用空间分析（spatial analyst）功能可以将这些数据层转换成相应的栅格数据层。这样，对于滑体中任一微小柱体单元，其三维数据模型可以表现为如图 2-1（d）所示的栅格柱体单元。

因为与边坡有关的数据和信息均呈现空间分布，因此采用 GIS 工具来处理这些空间数据是很方便的。在 GIS 中，可以用 GIS 数据表述与边坡有关的地层、断层（不连续面）、地下水和滑动面等信息。

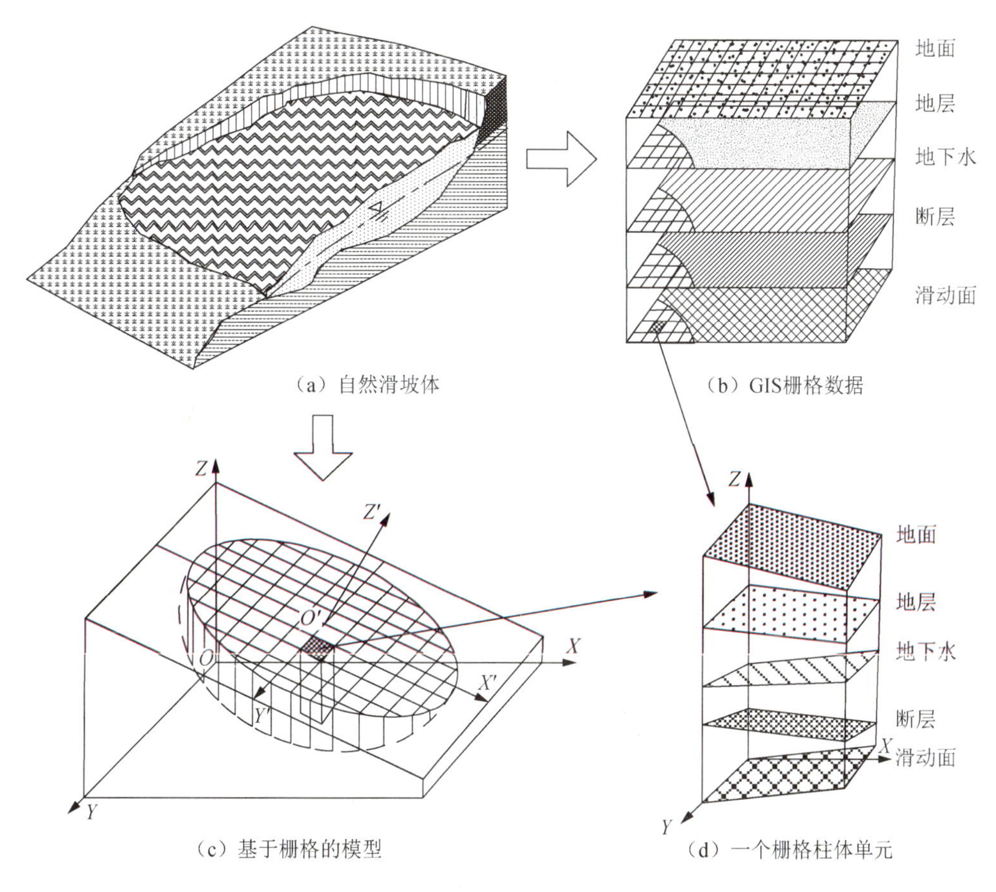

图 2-1　一个实际边坡和其相应的 GIS 数据集

这些与边坡稳定相关的 GIS 数据层与数值地形（DEM）一样可以是栅格数据或者以矢量数据形式来表示。矢量数据表现为三种典型的几何形式，即点、线和面，而每一元素的附加信息可以保存在其关联的 GIS 数据库中。每一种几何形式在 GIS 中可以有其特有的图像表现形式，如可以用一条蓝色的线来表示一条河流，也可以用一块蓝色的面集来表现河流的边界线。栅格数据是用连续的大小相同的像素格子来表现每一格子相对应的值，其值可以代表标高、分类或者植物种类等属性。

在栅格数据模型中，用栅格单元的值来代表一种属性。图 2-2 表示栅格数据的数据结构（一）。一般来说，栅格数据采用统一的单元大小，单元的方向由 x-y 轴决定，单元的边界平行于 x-y 轴，栅格呈正方形。栅格数据的数据结构（二）如图 2-3 所示，用单元大小、行列数和左下角的坐标即可描述一个栅格数据集。

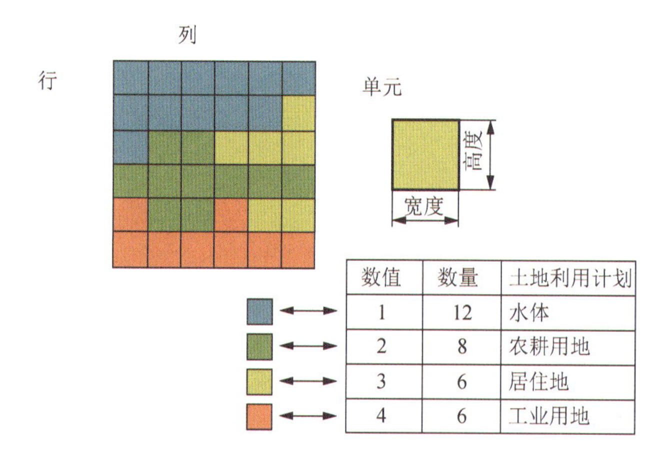

图 2-2 栅格数据的数据结构（一）

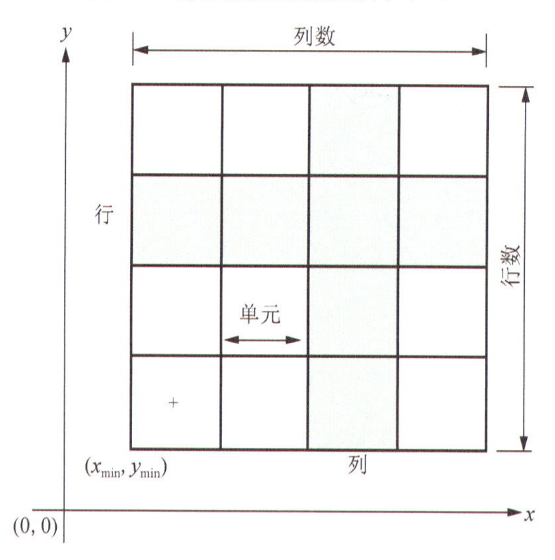

图 2-3 栅格数据的数据结构（二）

（+表示左下角单元中心）

基于摩尔-库仑（Mohr-Coulomb）准则，一个滑体如图 2-4 所示，其三维安全系数 SF_{3D} 可以用可能获得的抗滑力与滑动力之比来计算，即

$$SF_{3D} = \frac{Available\_force}{Sliding\_force} \tag{2-1}$$

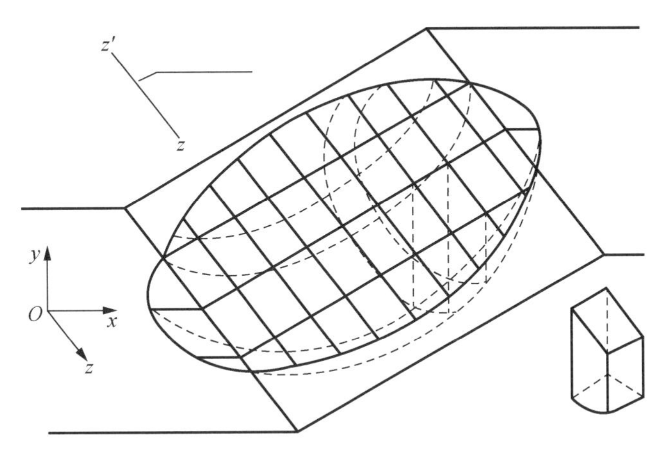

图 2-4　一滑坡体

在数学上式（2-1）可以表示为如下的积分形式，即

$$SF_{3D}=\frac{\iint f_{R}(x,y)\mathrm{d}x\mathrm{d}y}{\iint f_{S}(x,y)\mathrm{d}x\mathrm{d}y} \tag{2-2}$$

式中：f_R 为滑动面上的抗滑力；f_S 为滑动力。

由于沿滑动面的滑动力函数、滑动面上的正应力分布和孔隙水压力不能显式地获得，式（2-2）的积分形式往往采用差分形式进行计算为

$$SF_{3D}=\frac{\sum_{x}\sum_{y}f_{R}(x_i,y_i)}{\sum_{x}\sum_{y}f_{S}(x_i,y_i)} \tag{2-3}$$

我们已经知道，所有与边坡有关的数据均可以表示为基于栅格单元的 GIS 栅格数据形式，因此如果采用一个基于柱体单元的三维模型，就可以推导出一个基于栅格数据的三维模型来计算边坡的稳定安全系数。

对于一个实际边坡（图 2-5），采用 GIS 空间分析功能，所有的输入数据（如地面标高、倾斜方向、倾斜角、地下水、地层面、滑动面及呈现空间分布的物理力学参数）均可以转化为栅格单元的形式。如图 2-6 所示，用一个三维栅格柱体单元（对应于每一个栅格单元）可以描述地面、地层、滑动面等各类与稳定性分析有关的地理地质信息。

采用滑动面的栅格数据集可以很容易地计算各栅格单元滑动面的倾向和倾角。参照图 2-7，1～4 点的标高值可以用式（2-4）和式（2-6）计算，其倾向和倾角可以用式（2-7）计算。

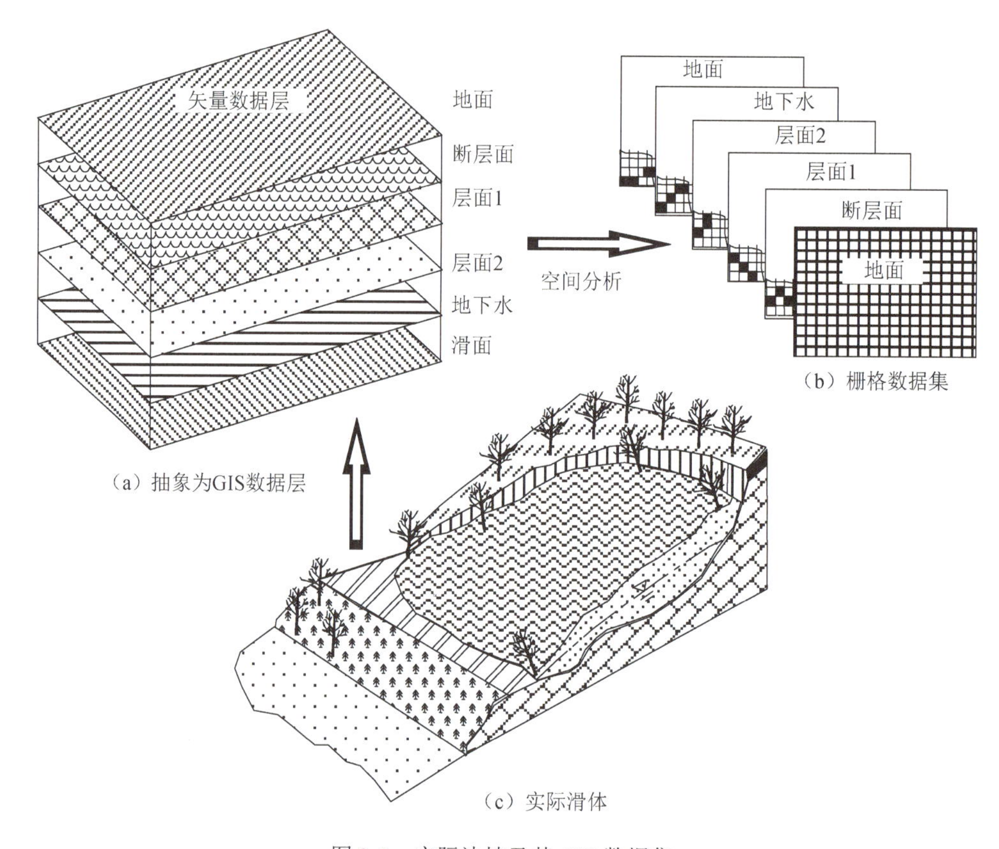

图 2-5　实际边坡及其 GIS 数据集

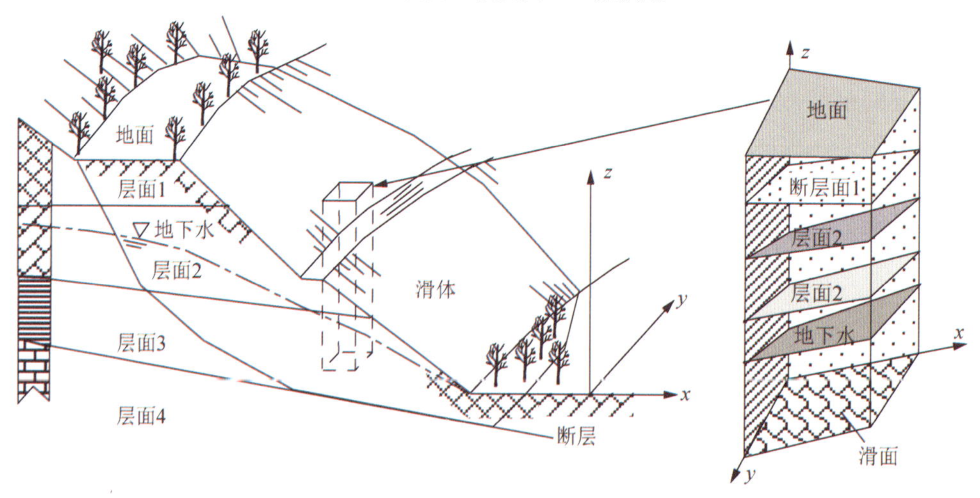

图 2-6　滑体的三维图及某一柱体的三维结构

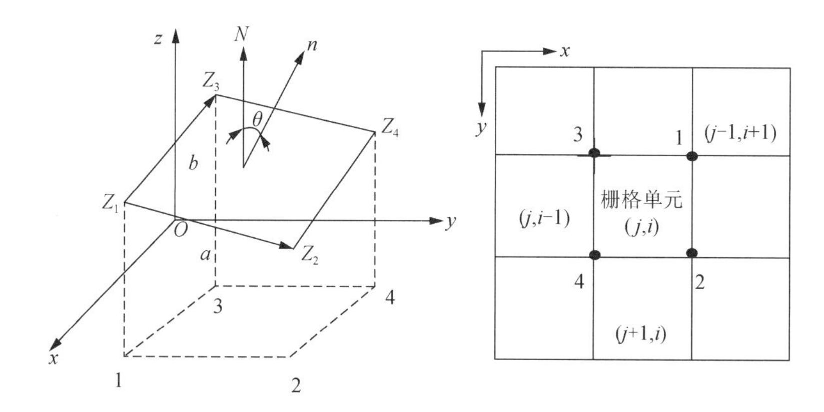

图 2-7　栅格单元的倾向和倾角计算

N 为垂直方向；*n* 为滑动面单元的法线方向；*a*、*b* 为单元边长

$$\begin{cases} Z_1 = \dfrac{Z(j,i)+Z(j-1,i)+Z(j-1,i+1)+Z(j,i+1)}{4} \\ Z_2 = \dfrac{Z(j,i)+Z(j,i+1)+Z(j+1,i+1)+Z(j+1,i)}{4} \\ Z_3 = \dfrac{Z(j,i)+Z(j,i-1)+Z(j-1,i-1)+Z(j-1,i)}{4} \\ Z_4 = \dfrac{Z(j,i)+Z(j+1,i)+Z(j+1,i-1)+Z(j,i-1)}{4} \end{cases} \tag{2-4}$$

$$\begin{cases} Z_1 = \dfrac{3Z_1+Z_2+Z_3-Z_4}{4} \\ Z_2 = \dfrac{Z_1+3Z_2-Z_3+Z_4}{4} \\ Z_3 = \dfrac{Z_1-Z_2+3Z_3+Z_4}{4} \\ Z_4 = \dfrac{-Z_1+Z_2+Z_3+3Z_4}{4} \end{cases} \tag{2-5}$$

$$\begin{cases} a_z = Z_2 - Z_1 \\ b_z = Z_3 - Z_1 \end{cases} \tag{2-6}$$

$$\begin{cases} \tan\theta = \dfrac{\sqrt{{a_z}^2+{b_z}^2}}{d} \\ \tan\beta_0 = \dfrac{-a_z}{b_z} \end{cases} \tag{2-7}$$

上述式中：$Z(j,i)$ 为单元 (j,i) 的滑动面标高值；θ 为倾角；β_0 为倾向。

另外，采用 GIS 空间解析模块中的“Aspect”和“Slope”分析功能也能很容易地计算单元的倾向和倾角。

基于柱体单元的方法广泛应用于三维边坡稳定性分析。基于滑体的力和力矩平衡，很多学者提出了自己的用于边坡三维边坡稳定性分析的模型。但由于各三维极限平衡分析模型都是基于自己特有的数据结构和算法，对于工程技术人员来说，很难采用并且也不可能采用多个模型来进行比较研究。本书中采用的几个三维极限平衡分析模型均是基于统一的数据结构和统一的算法，这样便于数据更新和比较分析研究。

在 GIS 系统中，利用空间分析功能，所有的与研究区域有关的数据均可表示为 GIS 的矢量数据层，而通过设定栅格单元的尺寸（不同尺寸可代表不同精度）可以将上述 GIS 矢量数据层转换为 GIS 栅格数据层。至此，研究区域已划分为基于栅格单元的柱体，如图 2-8 所示，所有的地面、地层、地下水、断层及滑动面的数据均可来自这些栅格数据层。对于复杂的地质结构的研究区域，在 GIS 中处理如此众多的栅格数据集的效率是非常低的，且其空间解析复杂。因此，采用一个点数据集（point dataset）来储存所有的栅格数据集。在此点数据集中，一个特征数据表（feature table）用来关联所有的栅格数据，而点数据集的点形状（shape）设定为各栅格的中心点。对于图 2-8 所示的地层结构的特征数据表可用表 2-1 表示。

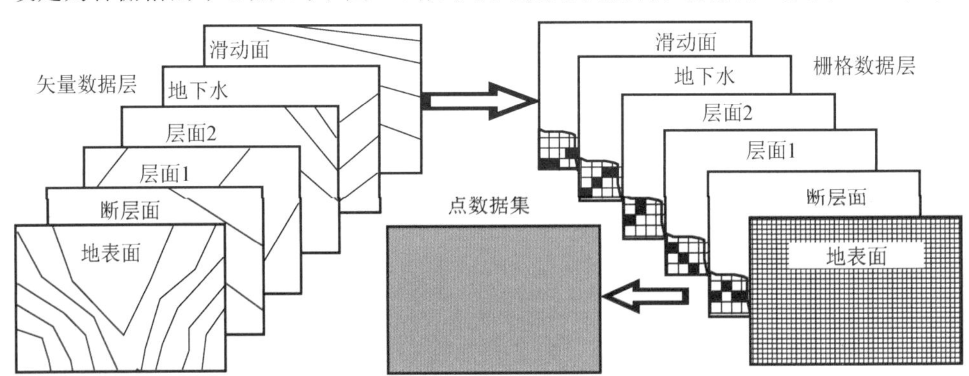

图 2-8　边坡稳定分析的 GIS 栅格数据层及点数据集

表 2-1　一个点数据集的特征数据

栅格单元编号	栅格中心的数据类型	地形参数			地质地下水参数			
		高程/m	方位/（°）	坡度/（°）	层面 1 高程/m	层面 2 高程/m	断层面深度/m	地下水深度/m
23	点	184.90	249.77	6.04	170.00	164.22	139.76	168.80

基于以上 GIS 栅格数据，下面来推导几个边坡稳定分析的三维极限平衡模型。

2.2　模型 1：经典柱体单元模型

经典柱体单元模型基于与 Hovland 于 1977 年提出的模型相同的假定。如

图 2-9 所示，通过将整个分析区域划分为栅格单元，各单元对应的栅格柱体单元即可表示为如图 2-6 所示的结构。忽略柱体单元的垂直面上的作用力，则滑体的三维安全系数可以表示为

$$SF_{3D}=\frac{\sum_J\sum_I(c'A+W\cos\theta\tan\varphi')}{\sum_J\sum_I W\sin\theta} \tag{2-8}$$

式中：SF_{3D} 为滑体三维安全系数；W 为栅格柱体的质量；A 为滑面面积；c' 为滑面的有效凝聚力；φ' 为有效内摩擦角；θ 为滑面的倾角；J、I 分别为滑体范围内栅格单元的行、列数。

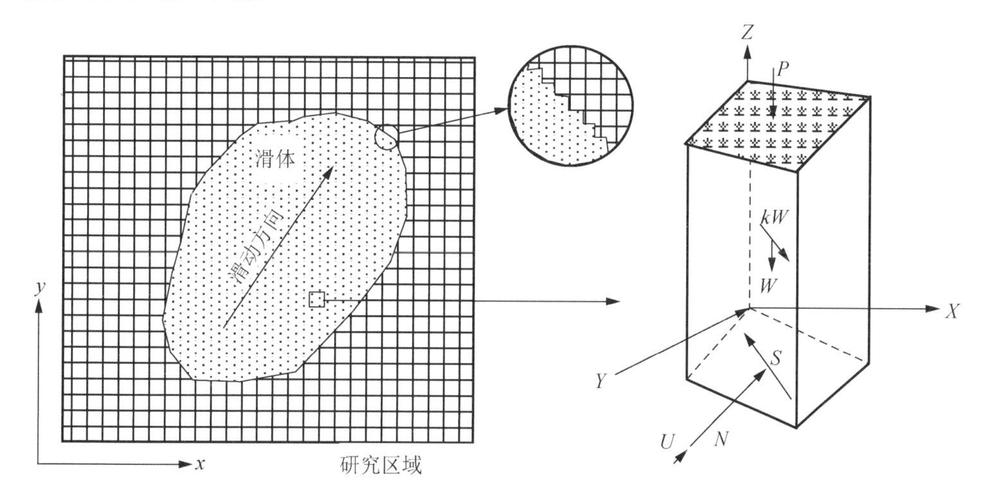

图 2-9　经典柱体单元模型

P、kW 为地震水平推动力；W 为重力；U 为滑动面上孔隙水压力；S 为滑动面上抗剪力

基于上述的点数据集，式（2-8）可以转换为基于 GIS 的计算式。这里，对一滑体而言，其滑动力和抗滑力均投影到滑动方向，而滑动方向设定为滑体滑面的主倾斜方向。图 2-10 为某一滑体滑动面各栅格倾角分布。对滑体的每一柱体，其滑面倾向是不一样的，滑体的主倾斜方向取滑体范围内各柱体滑面倾向分布的最频值。

图 2-11 为一柱体及其滑面与空间坐标的关系图。基于图 2-11，式（2-8）的三维安全系数可以转换为基于 GIS 数据的计算式，即参照图 2-11，滑面面积为

$$A = ab\sin\alpha \tag{2-9}$$

同时，参照图 2-11 可以推导

$$c' = g\tan\theta,\quad d=\frac{g}{\cos(Asp)},\quad e=\frac{g}{\sin(Asp)},\quad f=\frac{g}{|\cos(Asp-AvrAsp)|} \tag{2-10}$$

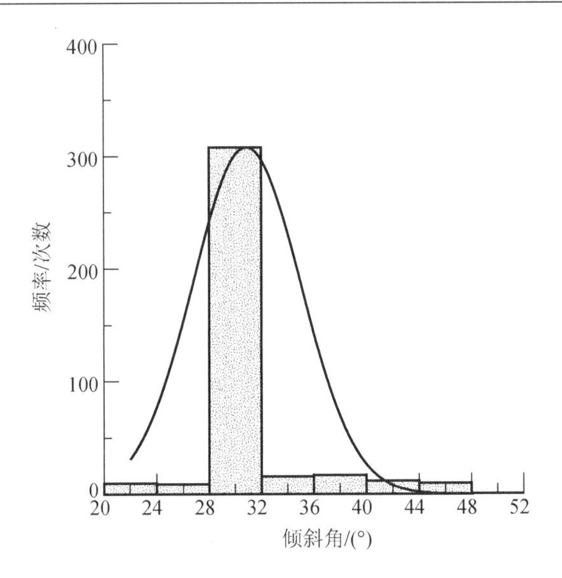

图 2-10　某一滑体滑动面各栅格倾角分布

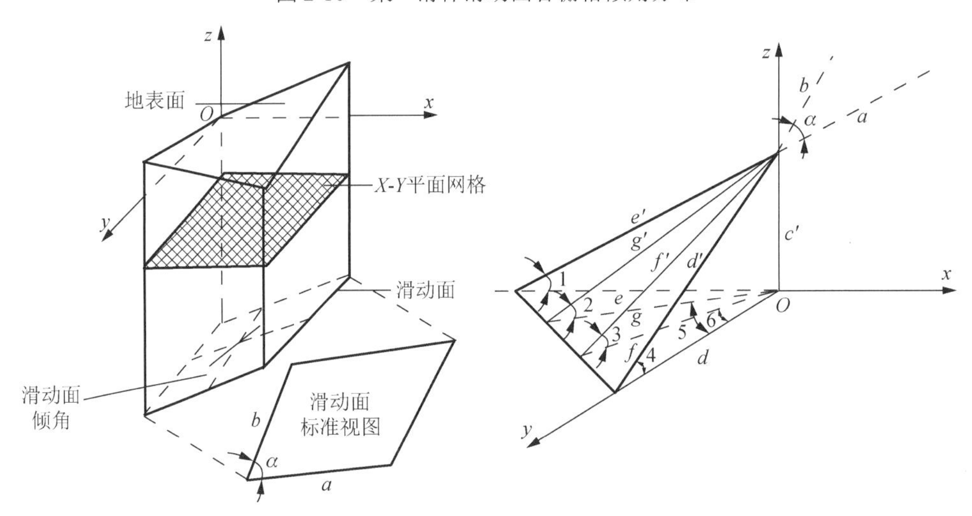

图 2-11　边坡稳定分析式推导用的一个栅格柱体的三维图

1．滑面沿 x 轴的视倾角；2．视倾角；3．滑面沿滑体倾斜方向的视倾角；
4．滑面沿 y 轴的视倾角；5．滑体方向角；6．滑面沿滑体滑动方向角

$$\cos\alpha = \frac{1}{2}\left(\frac{e'}{d'} + \frac{d'}{e'} - \frac{e^2 + d^2}{e'd'}\right) = \sin\theta_{xz}\sin\theta_{yz} \tag{2-11}$$

其中，滑面沿 x、y 轴的视倾角可表示为

$$\tan\theta_{yz} = \frac{c'}{d} = \tan\theta\cos(Asp),\quad \tan\theta_{xz} = \frac{c'}{e} = \tan\theta\sin(Asp) \tag{2-12}$$

考虑到 $a = cellsize / \cos\theta_{xz}$ 和 $b = cellsize / \cos\theta_{yz}$，滑面面积为

$$A = cellsize^2 \left[\frac{\sqrt{(1-\sin^2\theta_{xz}\sin^2\theta_{yz})}}{\cos\theta_{xz}\cos\theta_{yz}} \right] \tag{2-13}$$

沿滑体滑动方向的视倾角为

$$\tan\theta_{\text{Avr}} = \frac{c'}{f} = \tan\theta \left|\cos(Asp - AvrAsp)\right| \tag{2-14}$$

因此 Hovland 三维模型的三维安全系数可以转换为基于 GIS 数据的计算式，即

$$SF_{3\text{D}} = \frac{\sum_J \sum_I \{c'A + [(W+P)\cos\theta - U]\tan\varphi'\}}{\sum_J \sum_I [(W+P)\sin\theta_{\text{Avr}} + kW] - E} \tag{2-15}$$

如果基于滑动方向力的平衡可以得到修正的 Hovland 三维模型，即

$$SF_{3\text{D}} = \frac{\sum_J \sum_I \{c'A + [(W+P)\cos\theta - U]\tan\varphi'\}\cos\theta_{\text{Avr}}}{\sum_J \sum_I [(W+P)\sin\theta_{\text{Avr}}\cos\theta_{\text{Avr}} + kW] - E} \tag{2-16}$$

上述式中，对每一个柱体栅格单元，θ 为滑面的倾角；θ_{xz} 为滑面沿 x 轴的视倾角；θ_{yz} 为滑面沿 y 轴的视倾角；θ_{Avr} 为滑面沿滑体倾斜方向的视倾角；Asp 为滑面的倾斜方向；$AvrAsp$ 为滑面沿滑体滑动方向；E 为外加锚固力的总和；$cellsize$ 为栅格单元尺寸；W 为各柱体单元的质量，如图 2-12 所示。

$$W = d^2 \sum_{i=1}^{n} h_i \gamma_i \tag{2-17}$$

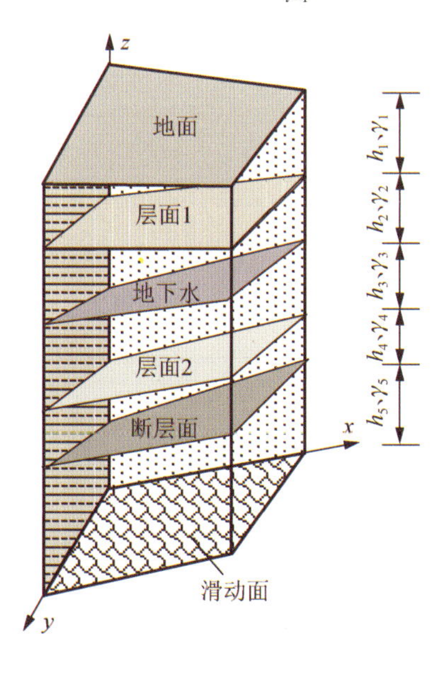

图 2-12　柱体单元的质量示意图

每一柱体单元上的垂直荷载为

$$P = d^2 p \tag{2-18}$$

孔隙水压力为

$$U = Au \tag{2-19}$$

式中：u 为孔隙水压力的分布值。

2.3　模型 2：扩展的 Bishop 三维模型

扩展的 Bishop 三维模型的算法是 Hungr 于 1987 年提出的，如图 2-13 所示。由于二维 Bishop 模型在工程实践中广泛应用，该扩展 Bishop 三维模型也得到广泛采用。该模型基于以下两点假定。

（1）忽略柱体单元的垂直面上的垂直向剪切力。

（2）各柱体单元的垂直方向力的平衡式和整个滑体的力矩平衡足以求解未知力。

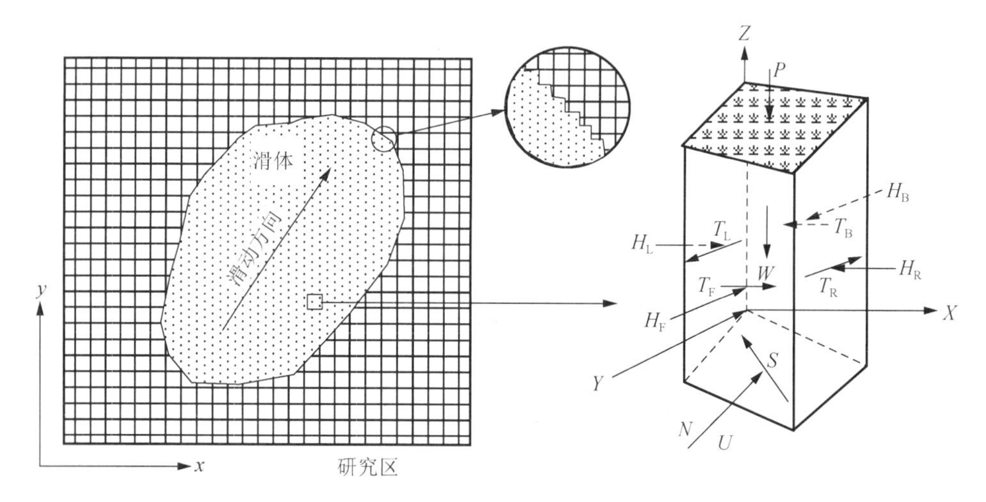

图 2-13　扩展的 Bishop 三维模型

参照图 2-13，考虑各柱体单元的垂直方向力的平衡可以得到（其推导过程与模型 1 相同）

$$P + W = N\cos\theta + SF_{3D}^{-1}[c'A + (N - U)\tan\varphi']\sin\theta_{Avr} \tag{2-20}$$

因此滑动面上的正应力为

$$N = \frac{P + W + SF_{3D}^{-1}U\tan\varphi'\sin\theta_{Avr} - SF_{3D}^{-1}c'A\sin\theta_{Avr}}{\cos\theta + SF_{3D}^{-1}\tan\varphi'\sin\theta_{Avr}} \tag{2-21}$$

基于整个滑体对一个垂直与滑动方向的转动轴的力矩平衡，其方程式为

$$\sum_J\sum_I[(N - U)\tan\varphi' SF_{3D}^{-1} + c'ASF_{3D}^{-1}] = \sum_J\sum_I(W + P)\sin\theta_{Avr} \tag{2-22}$$

则其三维安全系数可以用式（2-23）求解为

$$SF_{3D}=(\sum_J\sum_I(W+P)\sin\theta_{Avr})^{-1}\sum_J\sum_I\frac{(W+P-U\cos\theta)\tan\varphi'+c'A\cos\theta}{\cos\theta+SF_{3D}^{-1}\tan\varphi'\sin\theta_{Avr}} \tag{2-23}$$

由于 SF_{3D} 隐含在式（2-23）中，可以用式（2-21）和式（2-22）迭代计算。

2.4　模型 3：扩展的 Janbu 三维模型

从模型 2 的推导可知，如考虑滑体的水平方向的力的平衡，其三维安全系数可以用式（2-24）和式（2-25）求解

$$N=\frac{P+W+SF_{3D}^{-1}U\tan\varphi'\sin\theta_{Avr}-SF_{3D}^{-1}c'A\sin\theta_{Avr}}{\cos\theta+SF_{3D}^{-1}\tan\varphi'\sin\theta_{Avr}} \tag{2-24}$$

$$SF_{3D}=\frac{\sum_J\sum_I[c'A+(N-U)\tan\varphi']\cos\theta_{Avr}}{\sum_J\sum_I(N\sin\theta\cos(Asp-AvrAsp)+kW)-E} \tag{2-25}$$

同样，由于 SF_{3D} 隐含在式（2-25）中，可以用式（2-24）和式（2-25）迭代计算。

2.5　模型 4：基于滑动面上正应力分布假定的方法

上面介绍的几个模型均采用了柱体单元的方法，这种传统的方法是通过假定柱体间的相互作用力来直接计算滑动面上的正应力分布。许多学者都研究过滑动面上的正应力分布情况并提出了一些方法来计算其分布。Leshchinsky 和 Huang 于 1992 年提出的极限平衡方法不是基于柱体单元的方法而是基于三个函数 $z(x,y)$, $\sigma(x,y)$, $\theta(x,y)$（即滑动面上的标高、正应力及倾角分布）来推导极限平衡公式。Leshchinsky 和 Huang 的方法是一个通用的用于边坡三维稳定分析方法，它能处理一般对称的滑动面。在其数学公式推导过程中，沿任一滑动面的正应力通过满足全局力和力矩平衡来寻找最危险滑动面和计算最小安全系数。

基于滑动面上的正应力分布方法的优点是它不用假定根本不存在的柱体单元间的应力及分布，但其最大的障碍是复杂的数学计算和困难的算法。一个有效的解决方案是假定滑动面上的正应力分布。这种方法已经在二维的计算中采用。Yang 等于 2001 年提出的方法是在二维的断面中将边坡滑体作为一个整体而不用将其条分，他们假定滑动面上的正应力分布呈三次方曲线。这个正应力分布假定使得边坡二维问题静定可解，并满足所有的力和力矩平衡。四个未知数通过线性方程组求解。这种方法得到的结果比传统的条分法更准确，这是因为假定更符合实际

并且满足了所有的力和力矩平衡。Zhu 和 Lee 于 2002 年提出的方法也是基于滑动面上的正应力分布假定，他们假定沿滑动面的正应力分布呈三阶拉格朗日多项式（Lagrange polynomial of degree 3），其中在滑动面的上下两端为已知而在中间设定两个未知点，这样滑体的三个平衡方程（即水平方向力的平衡、垂直方向力平衡及力矩平衡）是显式可解的。Chen 于 1975 年提出的解决方案局限于 Φ 坐标系统，虽然可解但非常复杂，且极限平衡方法很难应用这种 Φ 坐标系统。Leshchinsky 于 1990 年和 1992 年提出的方法更复杂，滑体分解为 n 个片断，需要解 n 个线性方程组和 3 个非线性方程求解。

基于滑动面的正应力分布的方法也可应用于三维边坡稳定性分析。这里，我们首次提出一个假定三维正应力分布的极限平衡模型，同时其算法与基于柱体单元方法一样也是采用差分的方法计算，因此这个模型本身与其他模型均可基于同样的输入数据和柱体单元参数来计算。

为了推导三维安全系数的计算式（图 2-14），首先将 X' 轴转换到主滑动方向 X' 并将原点移到滑体多边形的中心 $X'O'Y'$，其变换式为

$$\begin{Bmatrix} x' \\ y' \end{Bmatrix} = \begin{bmatrix} \cos(AvrAsp-90^\circ) & -\sin(AvrAsp-90^\circ) \\ \sin(AvrAsp-90^\circ) & \cos(AvrAsp-90^\circ) \end{bmatrix} \begin{Bmatrix} x-x_0 \\ y-y_0 \end{Bmatrix} \tag{2-26}$$

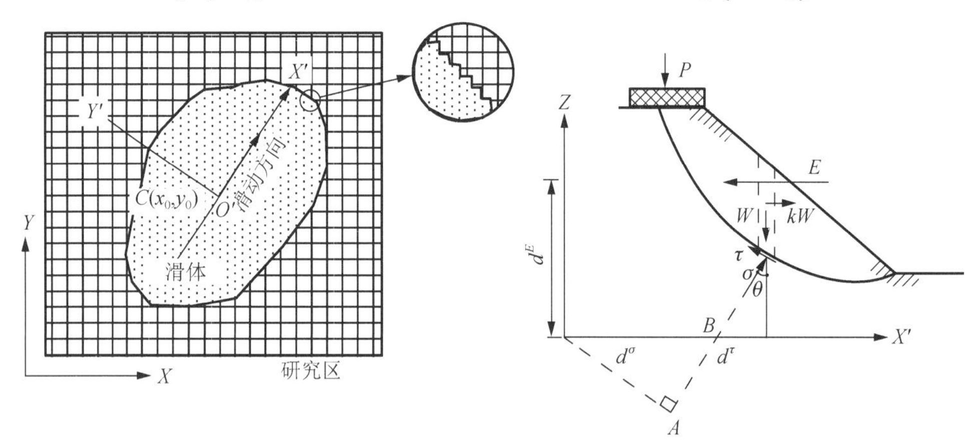

图 2-14　基于滑动面上正应力分布假定的三维力学模型

对整个滑体，沿滑动方向的总水平力的平衡式为

$$X' = \sum_J \sum_I \left(\frac{cA + A(\sigma-u)\tan\varphi}{SF_{3\mathrm{D}}} \cos\theta_{\mathrm{Avr}} - A\sigma\sin\theta\cos(Asp - AvrAsp) - kW \right) + E = 0 \tag{2-27}$$

同时垂直于滑动方向的水平力平衡式为

$$Y' = \sum_J \sum_I A\sigma \sin\theta \sin(Asp - AvrAsp) = 0 \tag{2-28}$$

垂直方向的力平衡式为

$$Z = \sum_J \sum_I \left[\frac{cA + A(\sigma - u)\tan\varphi}{SF_{3D}} \sin\theta_{Avr} + A\sigma\cos\theta - W - P \right] = 0 \tag{2-29}$$

整个滑体相对 $O'Y'$ 轴的力矩平衡式为

$$M = \sum_J \sum_I W d^W + \sum_J \sum_I kW d^{kW} + + \sum_J \sum_I P d^P - \sum_J \sum_I \sigma A d^\sigma - \sum_J \sum_I \frac{cA + A(\sigma - u)\tan\varphi}{SF_{3D}} d^\tau - E d^E = 0 \tag{2-30}$$

式中：d^E 为水平总荷载 E 的力臂；d^P、d^W、d^{kW}、d^σ、d^τ 分别为 P、W、kW、σ、τ 的力臂。对每一柱体单元如图 2-14 所示，其力臂计算式可以推导为

$$d^P = d^W = x' \tag{2-31}$$

$$d^{kW} = z + 0.5H \tag{2-32}$$

$$d^\sigma = (x' - z\tan\theta_{Avr})\cos\theta_{Avr} \tag{2-33}$$

$$d^\tau = (x' - z\tan\theta_{Avr})\sin\theta_{Avr} + \frac{z}{\cos\theta_{Avr}} \tag{2-34}$$

式中：x'、z 为每一柱体单元底面中心的坐标值（在 $X'Y'Z$ 坐标系统中）；H 为柱体单元的高度。水平地震力假定作用在柱体单元的中心。

正如在二维计算中所用的一样，这里从假定正应力的分布入手。正应力的假定如图 2-15 所示，对于滑体，“C”是滑体范围多边形的中心，沿滑动方向“ab”是长轴方向，短轴是其垂直方向。如图 2-15 所示，滑体的尺寸特征用“AA”和“BB”两个参数表示。对沿着滑动方向的断面图，正应力分布假定为三阶拉格朗日多项式，即

$$\sigma = \lambda_1 \xi_1(x') + \lambda_2 \xi_2(x') + \xi_3(x') \tag{2-35}$$

$$\xi_1(x') = \frac{(x'-a)(x'-b)(x'-a_2)}{(a_1-a)(a_1-b)(a_1-a_2)} \tag{2-36}$$

$$\xi_2(x') = \frac{(x'-a)(x'-b)(x'-a_1)}{(a_2-a)(a_2-b)(a_2-a_1)} \tag{2-37}$$

$$\xi_3(x') = \sigma_a \frac{(x'-b)(x'-a_1)(x'-a_2)}{(a-b)(a-a_1)(a-a_2)} + \sigma_b \frac{(x'-b)(x'-a_1)(x'-a_2)}{(b-a)(b-a_1)(b-a_2)} \tag{2-38}$$

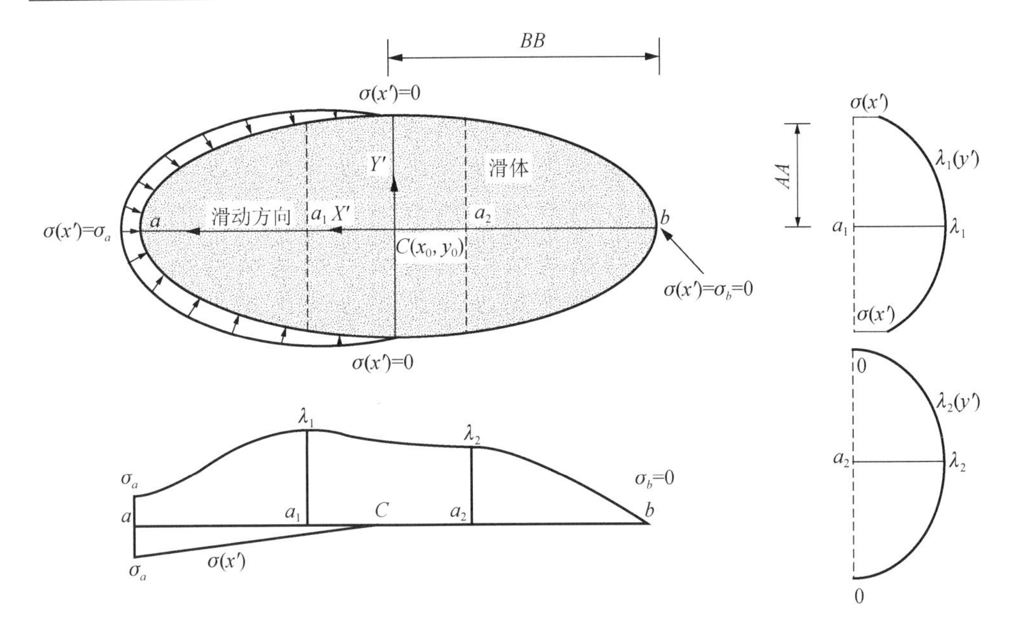

图 2-15　滑动面上的正应力假定

沿滑动方向中间的任意两个点选定在 1/3 和 2/3 处，即

$$a_1 = a + \frac{1}{3}(b - a) \tag{2-39}$$

$$a_2 = a + \frac{2}{3}(b - a) \tag{2-40}$$

参见图 2-9，“*C*”是可能滑体的中心点，两个参数“*AA*”和“*BB*”分别表示滑体的宽度和长度。在滑动面边界处的上半部，其正应力假定为 0，而其下部假定为$\sigma(x')$。必须指出的是，当滑动面很陡时，在滑动面的上部可能出现负的正应力（拉应力），拉应力很容易使之在顶部产生张裂缝，因此正应力的部位不一定正好在滑动面的顶部，可能在顶部附近或者低于顶部的位置。比较来说，顶部的拉应力非常小，可以忽略不计。这一点在前人的研究中已经得到证明。$\sigma(x')$假定为线性分布，沿着垂直于滑动方向的剖面，其正应力的分布假定为抛物线分布（图 2-15）为

$$\lambda_1(x') = g_1 x'^2 + g_2 x' + g_3 \tag{2-41}$$

$$\lambda_2(x') = k_1 x'^2 + k_2 x' + k_3 \tag{2-42}$$

考虑到边界条件，上述式可以表示为

$$g_1 = (AA^2)^{-1}[\sigma(x') - \lambda_1] \tag{2-43}$$

$$g_2 = 0 \tag{2-44}$$

$$g_3 = \lambda_1 \tag{2-45}$$

$$k_1 = -(AA^2)^{-1}\lambda_2 \tag{2-46}$$

$$k_2 = 0 \tag{2-47}$$

$$k_3 = \lambda_2 \tag{2-48}$$

至此，四个方程组（2-27）～（2-30）联合方程（2-36）可以用来求解 SF_{3D}、λ_1、λ_2 和 σ_a 四个未知数。

2.6　边坡破坏概率计算

下面采用两种方法进行边坡的破坏概率计算。

一种方法是每次计算三维安全系数时都利用蒙特卡罗模拟方法对两个重要的剪切参数 c 和 φ 产生在一定分布函数内的随机变量。如图 2-16 所示，在每次试算中，都产生一次滑动面上每一单元处 c 和 φ 值的 GIS 栅格数据来计算一个边坡三维安全系数，其破坏概率则通过大量的蒙特卡罗模拟计算获得。

另一种方法是基于 c 和 φ 及其相关的破坏概率 $P = f(c,\varphi)$ 均呈现正态分布的假定。从正态分布函数的特征来看，在 $\mu \pm 3\sigma$（其中 μ 是平均值，σ 标准偏差）范围内的概率是 99.75%，因此我们可以近似地将 $\mu \pm 3\sigma$ 认为是其随机变量的上、下限值。实际在边坡工程的概率分析中，我们得到的参数 c、φ 往往给定为一个范围值 $[\min, \max]$，因此可以用 $[\mu - 3\sigma, \mu + 3\sigma]$ 来计算平均值 μ 和标准偏差 σ。参见图 2-16，其中 SF_{3D} 的平均值，即最大和最小值可以通过 c 和 φ 的范围值（$\mu - 3\sigma$）和（$\mu + 3\sigma$）来计算，最后参见图 2-17，破坏概率可以用式（2-49）计算为

$$P(SF_{3D} \leqslant 1) = \int_{-\infty}^{1} \frac{1}{\sqrt{2\pi\sigma}} \mathrm{e}^{\left(\frac{x-\mu}{\sigma}\right)^{\frac{1}{2}}} \mathrm{d}x \cong \int_{-3\sigma}^{1} \frac{1}{\sqrt{2\pi\sigma}} \mathrm{e}^{\left(\frac{x-\mu}{\sigma}\right)^{\frac{1}{2}}} \mathrm{d}x \tag{2-49}$$

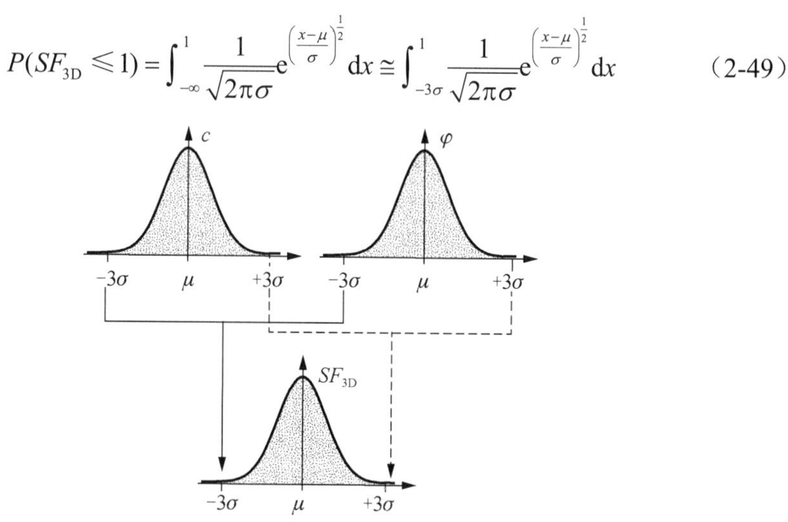

图 2-16　最大和最小三维安全系数计算

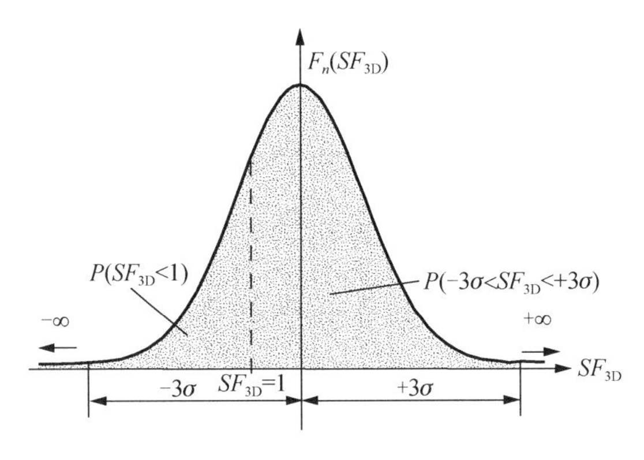

图 2-17　破坏概率计算

2.7　迭 代 计 算

Bishop 和 Janbu 的扩展三维模型中，由于安全系数是隐含的，将采用牛顿迭代法进行计算。对于 $SF_{3D}=f(SF_{3D})$ 的根，在 k 次迭代计算时的逼近迭代值为

$$SF_{3D}^{(k+1)}=\frac{SF_{3D}^{(k)}-[f(SF_{3D}^{(k)})-SF_{3D}^{(k)}]}{[f'(SF_{3D}^{(k)})-1]} \tag{2-50}$$

对于基于滑动面上正应力分布的模型，有四个方程组求解四个未知数 SF_{3D}、λ_1、λ_2 和 σ_a，这里采用牛顿-拉普拉斯（Newton-Laplace）迭代法求解。对任意一组初始假定值 $SF_{3D}{}^0$、$\lambda_1{}^0$、$\lambda_2{}^0$ 和 $\sigma_a{}^0$，可以得到非零的四个值 $\Delta X'$、$\Delta Y'$、ΔZ 和 ΔM。为了求得更接近零的四个值 $\Delta X'$、$\Delta Y'$、ΔZ 和 ΔM，在 k 次迭代计算中 SF_{3D}、λ_1、λ_2 和 σ_a 的取值可用式（2-51）～式（2-54）计算为

$$SF_{3D}^{(k+1)}=\frac{SF_{3D}^{(k)}-K_{SF_{3D}}}{D} \tag{2-51}$$

$$\lambda_1^{(k+1)}=\frac{\lambda_1^{(k)}-K_{\lambda_1}}{D} \tag{2-52}$$

$$\lambda_2^{(k+1)}=\frac{\lambda_2^{(k)}-K_{\lambda_2}}{D} \tag{2-53}$$

$$\sigma_a^{(k+1)}=\frac{\sigma_a^{(k)}-K_{\sigma_a}}{D} \tag{2-54}$$

其中

$$
\begin{cases}
D=\begin{vmatrix}
\dfrac{\partial X'}{\partial SF_{3D}} & \dfrac{\partial X'}{\partial \lambda_1} & \dfrac{\partial X'}{\partial \lambda_2} & \dfrac{\partial X'}{\partial \sigma_a} \\
\dfrac{\partial Y'}{\partial SF_{3D}} & \dfrac{\partial Y'}{\partial \lambda_1} & \dfrac{\partial Y'}{\partial \lambda_2} & \dfrac{\partial Y'}{\partial \sigma_a} \\
\dfrac{\partial Z}{\partial SF_{3D}} & \dfrac{\partial Z}{\partial \lambda_1} & \dfrac{\partial Z}{\partial \lambda_2} & \dfrac{\partial Z}{\partial \sigma_a} \\
\dfrac{\partial M}{\partial SF_{3D}} & \dfrac{\partial M}{\partial \lambda_1} & \dfrac{\partial M}{\partial \lambda_2} & \dfrac{\partial M}{\partial \sigma_a}
\end{vmatrix} \\
K_{SF_{3D}}=\begin{vmatrix}
\Delta X' & \dfrac{\partial X'}{\partial \lambda_1} & \dfrac{\partial X'}{\partial \lambda_2} & \dfrac{\partial X'}{\partial \sigma_a} \\
\Delta Y' & \dfrac{\partial Y'}{\partial \lambda_1} & \dfrac{\partial Y'}{\partial \lambda_2} & \dfrac{\partial Y'}{\partial \sigma_a} \\
\Delta Z & \dfrac{\partial Z}{\partial \lambda_1} & \dfrac{\partial Z}{\partial \lambda_2} & \dfrac{\partial Z}{\partial \sigma_a} \\
\Delta M & \dfrac{\partial M}{\partial \lambda_1} & \dfrac{\partial M}{\partial \lambda_2} & \dfrac{\partial M}{\partial \sigma_a}
\end{vmatrix} \\
K_{\lambda_1}=\begin{vmatrix}
\dfrac{\partial X'}{\partial SF_{3D}} & \Delta X' & \dfrac{\partial X'}{\partial \lambda_2} & \dfrac{\partial X'}{\partial \sigma_a} \\
\dfrac{\partial Y'}{\partial SF_{3D}} & \Delta Y' & \dfrac{\partial Y'}{\partial \lambda_2} & \dfrac{\partial Y'}{\partial \sigma_a} \\
\dfrac{\partial Z}{\partial SF_{3D}} & \Delta Z & \dfrac{\partial Z}{\partial \lambda_2} & \dfrac{\partial Z}{\partial \sigma_a} \\
\dfrac{\partial M}{\partial SF_{3D}} & \Delta M & \dfrac{\partial M}{\partial \lambda_2} & \dfrac{\partial M}{\partial \sigma_a}
\end{vmatrix} \\
K_{\lambda_2}=\begin{vmatrix}
\dfrac{\partial X'}{\partial SF_{3D}} & \dfrac{\partial X'}{\partial \lambda_1} & \Delta X' & \dfrac{\partial X'}{\partial \sigma_a} \\
\dfrac{\partial Y'}{\partial SF_{3D}} & \dfrac{\partial Y'}{\partial \lambda_1} & \Delta Y' & \dfrac{\partial Y'}{\partial \sigma_a} \\
\dfrac{\partial Z}{\partial SF_{3D}} & \dfrac{\partial Z}{\partial \lambda_1} & \Delta Z & \dfrac{\partial Z}{\partial \sigma_a} \\
\dfrac{\partial M}{\partial SF_{3D}} & \dfrac{\partial M}{\partial \lambda_1} & \Delta M & \dfrac{\partial M}{\partial \sigma_a}
\end{vmatrix}
\end{cases}
$$

$$
\left\{ K_{\sigma_a} = \begin{vmatrix} \dfrac{\partial X'}{\partial SF_{3D}} & \dfrac{\partial X'}{\partial \lambda_1} & \dfrac{\partial X'}{\partial \lambda_2} & \Delta X' \\ \dfrac{\partial Y'}{\partial SF_{3D}} & \dfrac{\partial Y'}{\partial \lambda_1} & \dfrac{\partial Y'}{\partial \lambda_2} & \Delta Y' \\ \dfrac{\partial Z}{\partial SF_{3D}} & \dfrac{\partial Z}{\partial \lambda_1} & \dfrac{\partial Z}{\partial \lambda_2} & \Delta Z \\ \dfrac{\partial M}{\partial SF_{3D}} & \dfrac{\partial M}{\partial \lambda_1} & \dfrac{\partial M}{\partial \lambda_2} & \Delta M \end{vmatrix} \right. \tag{2-55}
$$

迭代计算的最后收敛条件为

$$
\begin{cases} |\varepsilon_1| = \dfrac{SF_{3D}{}^{(k+1)} - SF_{3D}{}^{(k)}}{SF_{3D}{}^{(k)}} < 0.001 \\ |\varepsilon_2| = \dfrac{\lambda_1{}^{(k+1)} - \lambda_1{}^{(k)}}{\lambda_1{}^{(k)}} < 0.001 \\ |\varepsilon_3| = \dfrac{\lambda_2{}^{(k+1)} - \lambda_2{}^{(k)}}{\lambda_2{}^{(k)}} < 0.001 \\ |\varepsilon_4| = \dfrac{\sigma_a{}^{(k+1)} - \sigma_a{}^{(k)}}{\sigma_a{}^{(k)}} < 0.001 \end{cases} \tag{2-56}
$$

2.8 算法实现

基于上述几个三维模型的算法，其计算程序流程如图 2-18 所示。可见，各模型的输入参数和数据层是一样的，且其中间计算变量也是统一的，只是计算三维安全系数的方法不同。这样，便于快速比较计算各模型的计算结果，即在一次计算中可以得到多个不同模型的解。同时，这样的解决方案便于今后扩充更多的模型。

不同模型的算法略有不同，各自计算三维安全系数部分的流程如图 2-19～图 2-22 所示。

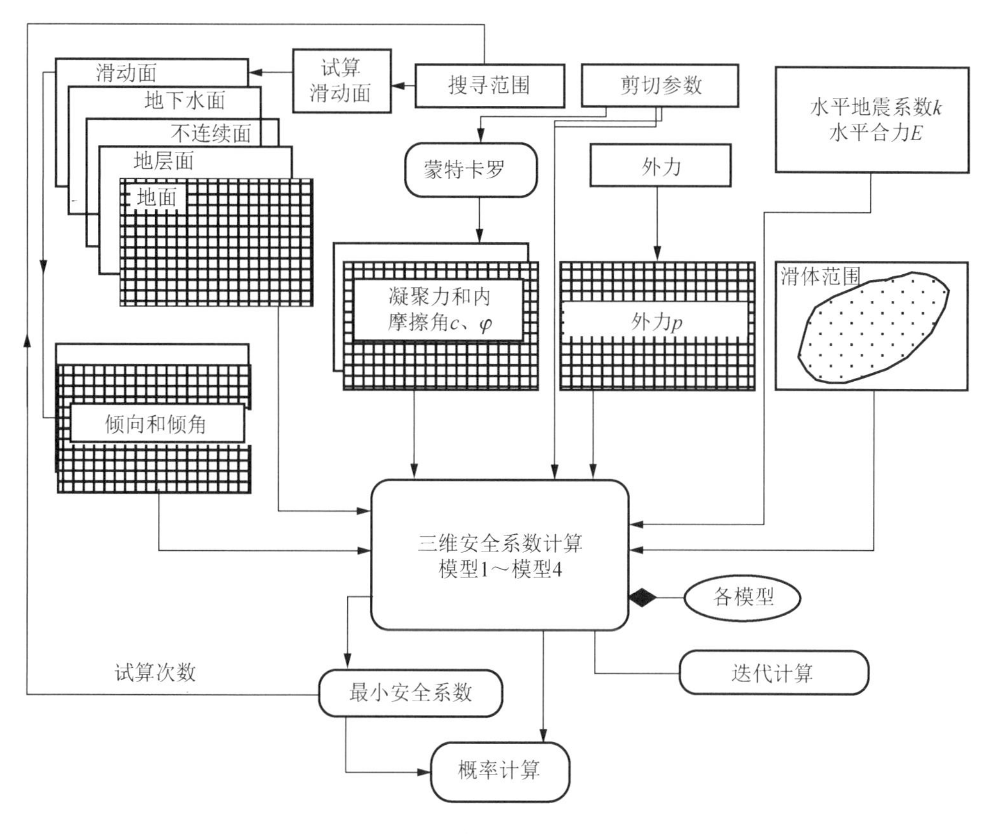

图 2-18　各模型计算程序流程

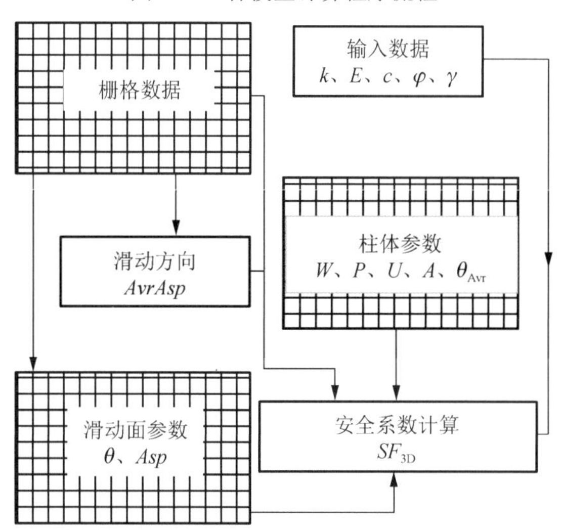

图 2-19　模型 1 计算流程

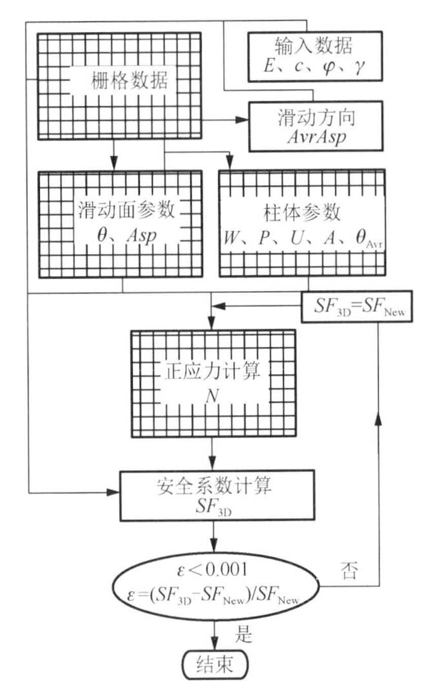

图 2-20　模型 2 计算流程

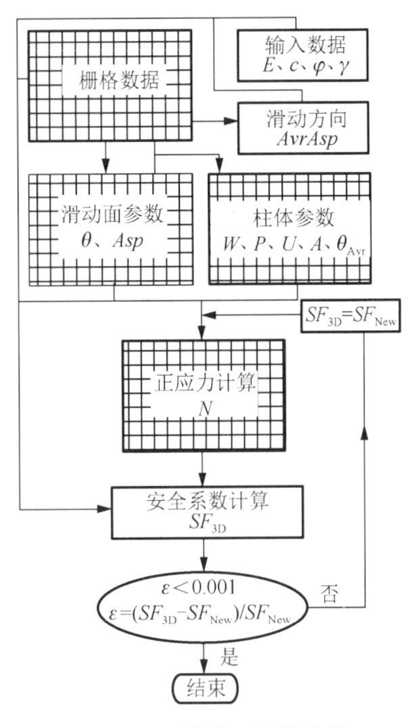

图 2-21　模型 3 计算流程

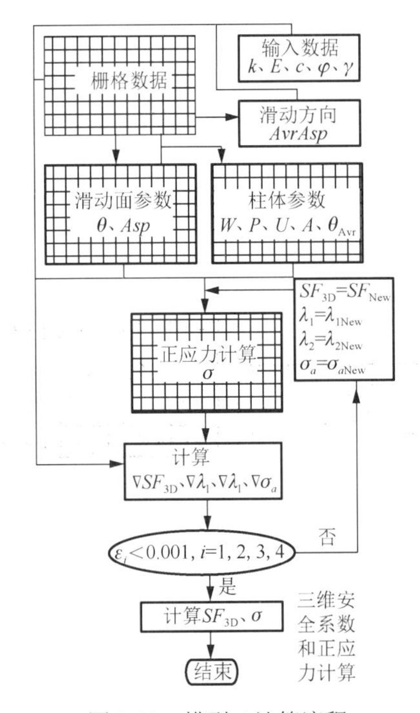

图 2-22　模型 4 计算流程

第 3 章　降雨滑坡三维评价模型

降雨滑坡分布范围广、发生频度高、破坏力强、造成的损失严重，是滑坡灾害预测预报研究的主要对象之一。在降雨入渗前，边坡土体尤其是上部岩土体处于非饱和状态，在降雨过程中，边坡土体的自重增加和强度降低这两个不利因素同时影响边坡的稳定性，当达到极限状态时就会引发滑坡灾害。因此，如何将降雨入渗过程与降雨对滑坡稳定性的影响转为定量的力学分析过程，建立一套简单、实用且具有力学理论依据的时空稳定性分析模型，具有重要的学术意义和实用价值。

本章将 GIS 的降雨渗流模型和边坡稳定分析的三维极限平衡模型耦合，建立降雨滑坡预测的渗流-稳定耦合三维极限平衡模型，为降雨滑坡的实时预测及灾害预警提供理论模型支撑。

3.1　考虑外水压力的模型研究

外水压力的作用使库岸滑坡赋存的水文地质环境发生改变。因外水压力的变化和降雨引起的滑坡体变形的本质原因是滑坡体水岩之间相互作用，岩土体的抗剪强度参数降低。因此，外水压力的变化对滑坡变形有直接影响，其应力分布如图 3-1 所示，垂直作用于地表面和滑动面。

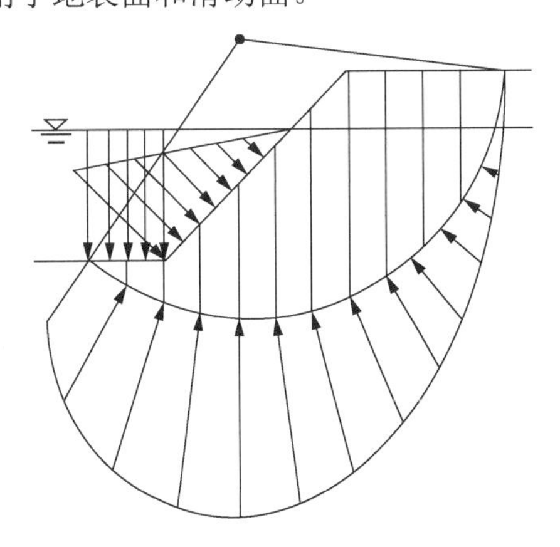

图 3-1　外水压力分布模式

3.1.1　外水压力定义

Hovland 法、修正的 Hovland 法与简易 Bishop 方法的计算式中均考虑了“孔隙水压力”与“饱和质量”两种计算式。

1. 考虑孔隙水压力的情况

水压力垂直作用于滑动面。柱体质量位于地下水位面以下的按饱和质量计算，以上按常态计算。在修正的 Hovland 方法中体现为W、U，可以用下式表示为

$$SF_{3D}=\frac{\sum_J\sum_I\{cA+[(W+P)\cos\theta-U-kW\sin\theta]\tan\varphi\}\cos\theta_{Avr}}{\sum_J\sum_I[(W+P)\sin\theta_{Avr}\cos\theta_{Avr}+kW-E_w]} \tag{3-1}$$

式中：W 为土的质量（地下水位以下采用饱和质量）；U 为孔隙水压力。

孔隙水压力的作用如图 3-2 所示，可表示为

$$U=Au \tag{3-2}$$

式中：A 为滑动面面积（m^2）；u 为单位面积的水压力（kN/m^2）。

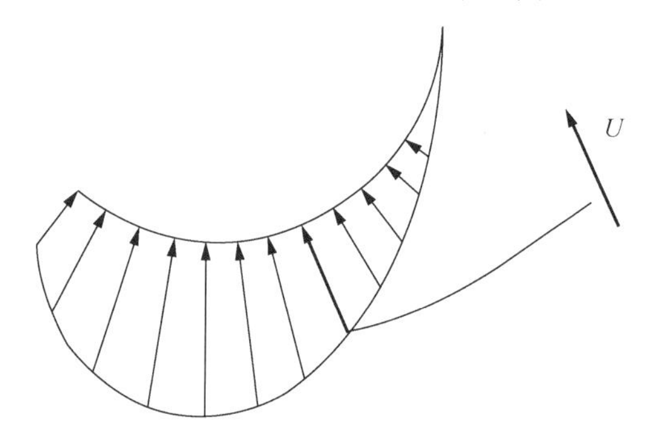

图 3-2　孔隙水压力的分布

2. 在饱和质量中考虑水压力作用

将水压力作为饱和质量考虑，忽略孔隙水压力的作用。同样，在修正的 Hovland 方法中体现为W'

$$SF_{3D}=\frac{\sum_J\sum_I\{cA+[(W'+P)\cos\theta-U-kW\sin\theta]\tan\varphi\}\cos\theta_{Avr}}{\sum_J\sum_I[(W+P)\sin\theta_{Avr}\cos\theta_{Avr}+kW-E_w]} \tag{3-3}$$

其中

$$W'=d^2h(\gamma_{sat}-\gamma_w) \tag{3-4}$$

式中：W' 为土的质量；d 为柱体单元的底边边长（m）；h 为柱体单元的高度（m）；γ_{sat} 为饱和质量（kN/m^3）；γ_w 为水的单位质量（kN/m^3）。

3.1.2　库水位涨落引起的水压力变化

水压力垂直作用于地表面，蓄水位以下水压力作用于地表面的压力分布如图 3-3 所示，随着地表的深度变化水压力有所变化。

$$P_{\mathrm{w}}=\gamma_{\mathrm{w}} h d^{2} \cos \theta \tag{3-5}$$

$$E_{\mathrm{w}}=\gamma_{\mathrm{w}} h d^{2} \sin \theta \tag{3-6}$$

式中：θ 为地表面与水平面的倾斜角（°）；将垂直作用于滑动面的水压力分解为竖直方向和水平方向的力，P_{w} 为竖直方向的力；E_{w} 为水平方向的力。在修正的 Hovland 模型中体现为 P_{w}、E_{w}，计算式为

$$SF_{3\mathrm{D}}=\frac{\sum_{J}\sum_{I}\left\{cA+\left[(W+P_{\mathrm{w}})\cos\theta-u-kW\sin\theta\right]\tan\varphi\right\}\cos\theta_{\mathrm{Avr}}}{\sum_{J}\sum_{I}(W+P_{\mathrm{w}})\sin\theta_{\mathrm{Avr}}\cos\theta_{\mathrm{Avr}}+kW-E_{\mathrm{w}}} \tag{3-7}$$

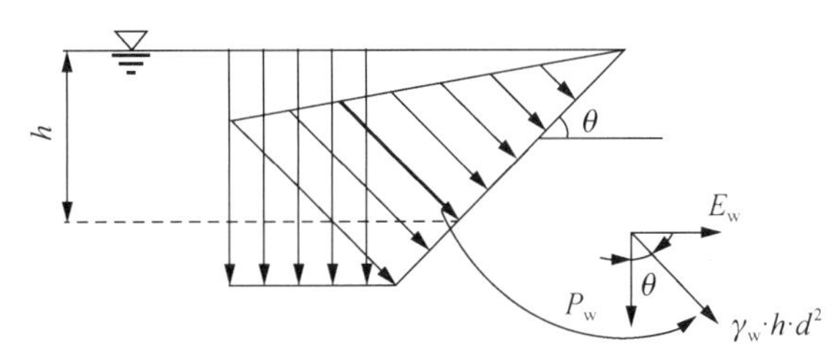

图 3-3　蓄水位以下的压力分布

3.2　降雨渗流的三维水文地质模型

渗透是指水从地表进入土层的物理过程，渗入土层的水量与土的湿润程度、水压力及不饱和渗透系数相关。降雨初始阶段，土壤的初始渗透能力一般大于或等于降雨强度，地表无积水；随着降雨强度的增大或降雨时间的持续，土壤渗透能力逐渐逼近或小于降雨强度，地表开始出现积水，因此将降雨入渗分为两个明显的阶段，即无地表积水和有地表积水。

国内外有很多的渗透模型来描述这一入渗过程。本章采用广泛公认的 Green-Ampt 模型来进行计算，其优点在于其具有明确的物理意义、仅需要初始的渗透雨量，并且该模型涉及的其他变量是可预测的，且便于程序的实现。

Green-Ampt 模型描述的是在整个降雨研究期间内始终保持存在地表积水状态下的入渗过程，即降雨强度大于土层的渗透能力，渗入土层中降雨量等于土壤的最大渗透能力。应用达西定律，土壤的实际渗透能力可用下式表示为

$$f=K_{\mathrm{s}}\left(\frac{1+\psi_{\mathrm{f}}\nabla\theta}{z_{\mathrm{f}}}\right) \tag{3-8}$$

式中：K_{s} 为土壤饱和导水率（m/h）；ψ_{f} 为降雨入渗前锋处的吸力水头参数（m）；z_{f} 为湿润锋深度（m）；$\nabla\theta$ 为降雨入渗前锋内的含水量差（$\mathrm{m}^3/\mathrm{m}^3$）。

针对 Green-Ampt 模型做四个假设，使之应用于不同降雨强度下的入渗雨量分析。假设如下。

（1）由于地表积水效应，地表土处于饱和状态。

（2）降雨入渗前锋为一个清晰的面。

（3）土层中渗透系数为常数。

（4）降雨入渗前锋处的吸力水头为一常数。

3.2.1　恒定降雨强度入渗模型

图 3-4 为两个恒定降雨强度下的渗透模式。对于恒定降雨强度事件 A，其雨水入渗量计算为

$$F(t) = it \tag{3-9}$$

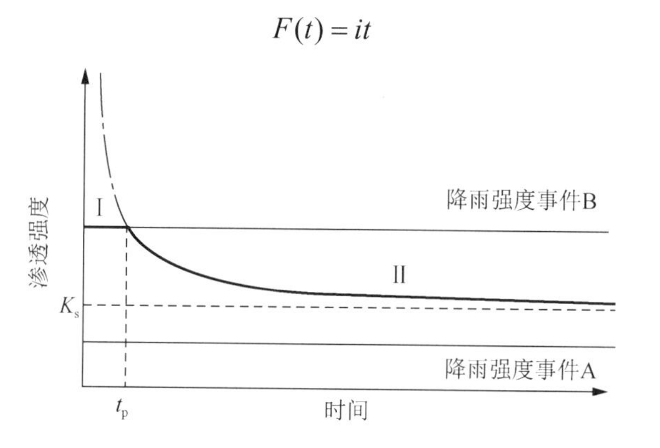

图 3-4　两个恒定降雨强度下的渗透模式

相对于降雨强度事件 B，初始阶段降雨强度 i 大于土壤的饱和渗透系数 K_s。此时，降雨强度小于土壤的实际渗透能力 f_p，所以此时的渗透率等于降雨强度 i（图 3-4 中，Ⅰ属于降雨强度事件 B 的一部分）。降雨量全部渗入土壤中并引起土体饱和度的增加，入渗率 f 是随累积入渗量 F 的增加而减小。设想当累积入渗量达到某一值时，即 $f = i$ 开始积水，称此累积入渗量为 F_p。将 t_p 定义为地表开始出现积水的时间起点，在此时可对应的参数为初始地表积水形成时的入渗前锋深度 z_p 以及此时的入渗量 F_p，其计算公式见下述。

假定 $a = \psi_f \nabla\theta$，则

$$F_p = \frac{a}{i - K_s} \tag{3-10}$$

开始积水时间 t_p 为

$$t_p = \frac{F_p}{i} = \frac{a\nabla\theta}{i(i - K_s)} \tag{3-11}$$

因此，在任意时刻 T 的降雨入渗量及入渗深度可分别用式（3-12）和式（3-13）表示为

$$F = F_{\mathrm{p}} + K_{\mathrm{s}}(t - t_{\mathrm{p}}) + a\ln\left(\frac{F + \psi_{\mathrm{f}}\nabla\theta}{F_{\mathrm{p}} + \psi_{\mathrm{f}}\nabla\theta}\right) \tag{3-12}$$

$$z_{\mathrm{w}} = \frac{F}{\nabla\theta} \tag{3-13}$$

由于 F 隐含在式（3-12）中，采用以下提议的方法以求得更加精确的方程解，并进行应用验证。

式（3-12）可以写为

$$\begin{aligned} F &= F_{\mathrm{p}} + K_{\mathrm{s}}(t - t_{\mathrm{p}}) + NF \\ NF &= a\ln\left(\frac{F + a}{F_{\mathrm{p}} + a}\right) \end{aligned} \tag{3-14}$$

扩展这个非线性余项 NF ，有

$$F = F_{\mathrm{p}} + K_{\mathrm{s}}(t - t_{\mathrm{p}}) + \sum_{i=0}^{\infty} A_i \tag{3-15}$$

对 $\sum_{i=0}^{\infty} A_i$ 应用泰勒级数定理展开为

$$\begin{cases} A_0 = NF_0 \\ A_1 = F_1 \dfrac{\mathrm{d}NF_0}{\mathrm{d}F_0} \\ A_2 = F_2 \dfrac{\mathrm{d}NF_0}{\mathrm{d}F_0} + \dfrac{F_1^2}{2!}\dfrac{\mathrm{d}^2 NF_0}{\mathrm{d}F_0^2} \\ A_3 = F_3 \dfrac{\mathrm{d}NF_0}{\mathrm{d}F_0} + F_1 F_2 \dfrac{\mathrm{d}^2 NF_0}{\mathrm{d}F_0^2} + \dfrac{F_1^3}{3!}\dfrac{\mathrm{d}^3 NF_0}{\mathrm{d}F_0^3} \end{cases} \tag{3-16}$$

由此得到

$$\begin{cases} F_0 = K(t - t_{\mathrm{p}}) + F_{\mathrm{p}} \\ F_1 = A_0 = a\ln\left[\dfrac{K(t - t_{\mathrm{p}}) + F_{\mathrm{p}} + a}{F_{\mathrm{p}} + a}\right] \\ F_2 = A_1 = a\ln\left[\dfrac{K(t - t_{\mathrm{p}}) + F_{\mathrm{p}} + a}{F_{\mathrm{p}} + a}\right]\left[\dfrac{a}{K(t - t_{\mathrm{p}}) + F_{\mathrm{p}} + a}\right] \\ F_3 = A_2 = a\ln\left[\dfrac{K(t - t_{\mathrm{p}}) + F_{\mathrm{p}} + a}{F_{\mathrm{p}} + a}\right]\left\{\dfrac{a^2}{[K(t - t_{\mathrm{p}}) + F_{\mathrm{p}} + a]^2}\right\} \\ \qquad - \dfrac{a}{2}\ln^2\left[\dfrac{K(t - t_{\mathrm{p}}) + F_{\mathrm{p}} + a}{F_{\mathrm{p}} + a}\right]\left\{\dfrac{a^2}{[K(t - t_{\mathrm{p}}) + F_{\mathrm{p}} + a]^2}\right\} \end{cases}$$

$$\begin{cases} F_4 = A_3 = a\ln\left[\dfrac{K(t-t_{\mathrm{p}})+F_{\mathrm{p}}+a}{F_{\mathrm{p}}+a}\right]\left\{\dfrac{a^3}{[K(t-t_{\mathrm{p}})+F_{\mathrm{p}}+a]^3}\right\} \\ \qquad -\dfrac{3a}{2}\ln^2\left[\dfrac{K(t-t_{\mathrm{p}})+F_{\mathrm{p}}+a}{F_{\mathrm{p}}+a}\right]\left\{\dfrac{a^3}{[K(t-t_{\mathrm{p}})+F_{\mathrm{p}}+a]^3}\right\} \\ \qquad \times\dfrac{a}{3}\ln^3\left[\dfrac{K(t-t_{\mathrm{p}})+F_{\mathrm{p}}+a}{F_{\mathrm{p}}+a}\right]\left\{\dfrac{a^3}{[K(t-t_{\mathrm{p}})+F_{\mathrm{p}}+a]^3}\right\} \end{cases} \tag{3-17}$$

将上述等式进行简化，有

$$\begin{cases} F_0 = K(t-t_{\mathrm{p}})+F_{\mathrm{p}} \\ F_1 = a\ln\left[\dfrac{F_0(t)+a}{F_{\mathrm{p}}+a}\right] \\ F_2 = a\ln\left[\dfrac{F_0(t)+a}{F_{\mathrm{p}}+a}\right]\left[\dfrac{a}{F_0(t)+a}\right] \\ F_3 = a\ln\left[\dfrac{F_0(t)+a}{F_{\mathrm{p}}+a}\right]\left\{\dfrac{a^2}{[F_0(t)+a]^2}\right\}-\dfrac{a}{2}\ln^2\left[\dfrac{F_0(t)+a}{F_{\mathrm{p}}+a}\right]\left\{\dfrac{a^2}{[F_0(t)+a]^2}\right\} \\ F_4 = a\ln\left[\dfrac{F_0(t)+a}{F_{\mathrm{p}}+a}\right]\left\{\dfrac{a^3}{[F_0(t)+a]^3}\right\}-\dfrac{3a}{2}\ln^2\left[\dfrac{F_0(t)+a}{F_{\mathrm{p}}+a}\right]\left\{\dfrac{a^3}{[F_0(t)+a]^3}\right\} \\ \qquad \times\dfrac{a}{3}\ln^3\left[\dfrac{K(t-t_{\mathrm{p}})+F_{\mathrm{p}}+a}{F_{\mathrm{p}}+a}\right]\left\{\dfrac{a^3}{[K(t-t_{\mathrm{p}})+F_{\mathrm{p}}+a]^3}\right\} \end{cases} \tag{3-18}$$

假设 $m_1(t)=[F_0(t)+a]/\left(F_{\mathrm{p}}+a\right)$、$m_2(t)=a/[F_0(t)+a]$，联立式（3-18）有

$$\begin{aligned} F = {} & F_0(t)+a\ln[m_1(t)]+a\ln[m_1(t)]m_2(t)[1+m_2(t)+m_2^2(t)+m_2^3(t)+\cdots] \\ & -a\ln^2[m_1(t)]m_2^2(t)[1+m_2(t)+m_2^2(t)+\cdots] \\ & +a\ln^3[m_1(t)][1+m_2(t)+m_2(t)+\cdots]-\cdots \end{aligned} \tag{3-19}$$

进而有

$$\begin{cases} F = F_0(t)+a\ln[m_1(t)]+a[m_1(t)]m_2(t)\left[\dfrac{1}{1-m_2(t)}\right] \\ \qquad -a\ln^2[m_1(t)]m_2^2(t)\left[\dfrac{1}{1-m_2(t)}\right]+a\ln^3[m_1(t)]\left[\dfrac{1}{1-m_2(t)}\right] \\ \qquad -\cdots \\ F = F_0(t)+\dfrac{a\ln[m_1(t)]}{[1-m_2(t)]}\left\{1-\ln[m_1(t)]m_2^2(t)+\ln^2[m_1(t)]m_2^3(t)-\cdots\right\} \end{cases} \tag{3-20}$$

推导至

$$F(t) \approx F_0(t) + a\ln(m_1(t)) \times \left\{1 + \frac{m_2(t)}{[1 - m_2(t)][1 + m_2(t)\ln(m_1(t))]}\right\} \tag{3-21}$$

此时式（3-21）并不是方程的精确解，因为在此无穷极限中，一些条件被忽视，进一步更正为

$$f = K\left\{1 + m_2(t) + \frac{m_2^2(t)}{(1 - m_2(t))[1 + m_2(t)\ln(m_1(t))]}\right. \\ \left.\times\left[1 - \ln(m_1(t)) - \frac{m_2(t)\ln(m_1(t))}{1 - m_2(t)} - \frac{m_2(t)\ln(m_1(t)(1 - \ln m_1(t))}{1 + m_2(t)\ln(m_1(t))}\right]\right\} \tag{3-22}$$

在此，令

$$2m_2(t) = \frac{2a}{F_0(t) + a} < 1 \tag{3-23}$$

如果式（3-22）成立，式（3-20）适用于解答 $F(t)$，否则使用牛顿迭代法进行计算。

以一个算例分析验证该方法的可用性。计算数据如下：P=2cm/h；K_s=1cm/h；$\psi_f = 10$cm；$\nabla\theta = 0.3$。图 3-5 为该模型下的精确解 $f = K_s(1 + \psi_f\nabla\theta / z_f)$ 与近似解 $2m_2(t) = \dfrac{2a}{F_0(t) + a} < 1$ 之间的比较图。

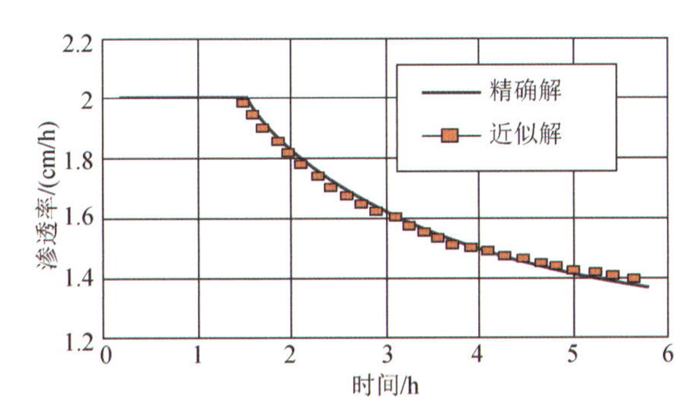

图 3-5　入渗率近似和精确解的方案比较

验证得到精确解与近似解的曲线相吻合，证明该解推算过程为正确。该过程实现的流程如图 3-6 所示。

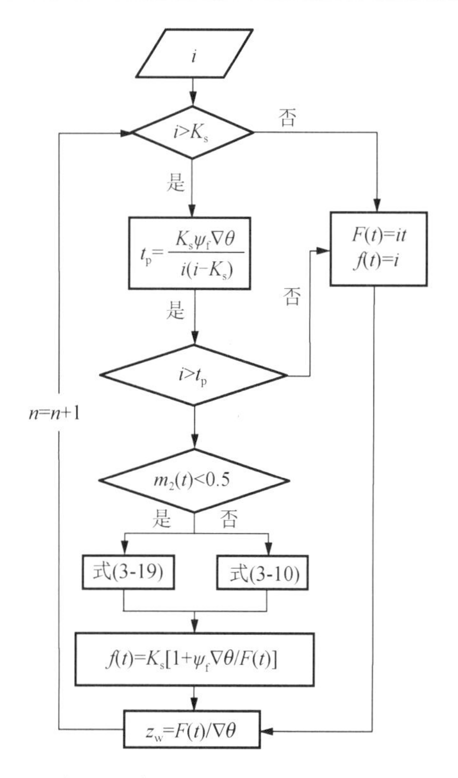

图 3-6　降雨入渗前锋深度计算流程

3.2.2　非恒定降雨强度入渗模型

实际的降雨强度往往是不恒定的。在非恒定降雨强度事件发生过程中，地表积水可能会发生间歇性改变。在此，将 Green-Ampt 模型做进一步改进，使其可应用于变化雨强的降雨过程，该部分的难点在于不稳定降雨事件下的渗透状态。

在一次降雨过程中，可以式（3-24）表示水量平衡为

$$P(t)=F(t)+G(t)+R(t) \tag{3-24}$$

式中：$P(t)$为累计降雨量；$F(t)$为地层渗入水量；$G(t)$为地表积水量；$R(t)$为因植物截流、蒸发等流失的水量；t为降雨历时。

假定某一地表面存在最大限度的积水且没有水量损失产生，则此时的状态称为地表储水能力（D），以式（3-25）表示为

$$0\leqslant G\leqslant D \tag{3-25}$$

随着降雨时间的持续以及强度的增大，地表超过储水能力，没有一个直接的公式来计算流失水量$R(t)$，但可以用式（3-26）间接表示为

$$R(t_n)=\begin{cases}\max(p(t_n)-F(t_n)-D,R(t_{n-1})) & G=\text{Dandi}>f_{\text{p}}\\ R(t_{n-1}) & G<\text{Dori}<f_{\text{p}}\end{cases} \tag{3-26}$$

与稳定降雨入渗状态类似，当降雨强度i在小于土壤的实际渗透系数K_s的时间段内（即t_{n-1}到t_n），降雨量全部入渗到土壤中没有水量的流失，此时的总渗透

量为

$$F(t_n) = F(t_{n-1}) + i(t_n - t_{n-1}) \tag{3-27}$$

相反，如果初始降雨强度大于土壤的渗透能力，则地表的积水状态可能会发生间歇性改变，Chu 等提议的修正 Green-Ampt 方法用于非恒定降雨事件渗透过程研究，其基本做法是，对每个计算时段将地表状态分为四种情况：①开始无积水，结束无积水；②开始无积水，结束有积水；③开始有积水，结束有积水；④开始有积水，结束无积水。

在每一时段开始，已知降雨总量与入渗总量、剩余总量，定义如下两个因子为

$$C_{\mathrm{u}} = P(t_n) - R(t_{n-1}) - \frac{K_{\mathrm{s}}\psi_{\mathrm{f}}\nabla\theta}{i - K_{\mathrm{s}}} \tag{3-28}$$

$$C_{\mathrm{p}} = P(t_n) - F(t_n) - R(t_{n-1}) \tag{3-29}$$

式中：$P(t_n)$ 为 t_n 时刻降雨总量；$R(t_{n-1})$ 为 t_{n-1} 时刻雨量剩余总量；$P(t_n)$ 为 t_n 时刻土壤实际入渗能力；$F(t_n)$ 为 t_n 时刻入渗总量。

可以证明，时刻结束时地表是否存在积水与式（3-28）和式（3-29）正负等价。具体判断如表 3-1 所示（当 $i < K_{\mathrm{s}}$ 时，式中无积水，不用此两因子判断）。

表 3-1　每个计算时段的地表状态

开始无积水	$P(t_n) - R(t_{n-1}) - K_{\mathrm{s}}\psi_{\mathrm{f}}\nabla\theta/(i - K_{\mathrm{s}}) < 0$	时段结束无积水
	$P(t_n) - R(t_{n-1}) - K_{\mathrm{s}}\psi_{\mathrm{f}}\nabla\theta/(i - K_{\mathrm{s}}) > 0$	时段结束有积水
开始有积水	$P(t_n) - F(t_n) - R(t_{n-1}) < 0$	时段结束无积水
	$P(t_n) - F(t_n) - R(t_{n-1}) > 0$	时段结束有积水

表 3-1 所示的四种状态，可解释如下。

（1）t_{n-1} 时段地表无积水，t_n 时刻结束地表也无积水时，表示为

$$\frac{P(t_n) - R(t_{n-1}) - K_{\mathrm{s}}\psi_{\mathrm{f}}\nabla\theta}{i - K_{\mathrm{s}}} < 0$$

此时降雨入渗量为

$$F(t_n) = P(t_n) - R(t_{n-1}) \tag{3-30}$$

（2）t_{n-1} 时段地表无积水，t_n 时刻结束前地表开始出现积水时，表达式为

$$\frac{P(t_n) - R(t_{n-1}) - K_{\mathrm{s}}\psi_{\mathrm{f}}\nabla\theta}{i - K_{\mathrm{s}}} > 0$$

对于恒定的降雨强度形成地表水池开始的时间点 t_{p} 由下式决定为

$$\begin{cases} i(t) = \dfrac{P(t_n) - P(t_{n-1})}{t_n - t_{n-1}} = i \\ P(t) = \displaystyle\int_{t_{n-1}}^{t} i(t)d_t = P(t_{n-1}) + (t - t_{n-1})i \\ t_{\mathrm{p}} = \dfrac{K_{\mathrm{s}}\psi_{\mathrm{f}}\nabla\theta}{(i - K_{\mathrm{s}}) - P(t_{n-1})} + \dfrac{R(t_{n-1})}{i + t_{n-1}} \end{cases} \tag{3-31}$$

同样，相对于非恒定降雨强度来说，形成地表积水的时间 t_s 可由下式表示为

$$\begin{cases} t_s = \dfrac{P(t_p) - R(t_{n-1})}{K_s - \psi_f} \dfrac{\nabla\theta \ln\left\{\dfrac{1 + [P(t_p) - R(t_{n-1})]}{\psi_f \nabla\theta}\right\}}{K_s} \\ F(t_n) = \psi_f \nabla\theta \ln\left[\dfrac{1 + F(t_n)}{\psi_f \nabla\theta}\right] + K_s(t_n - t_p - t_s) \end{cases} \tag{3-32}$$

式中：$P(t_p)$ 为形成地表积水时间段内的累积降雨量。

（3）t_{n-1} 时刻地表有积水而在 t_n 时刻之前积水消失，表示为

$$P(t_n) - F(t_n) - R(t_{n-1}) < 0$$

降雨入渗量计算同状态（1）。

（4）t_{n-1} 时刻地表有积水而在 t_n 时刻积水一直存在，表示为

$$P(t_n) - F(t_n) - R(t_{n-1}) > 0$$

降雨入渗量计算同状态（2）。

图 3-7 表示不同降雨强度下入渗前锋深度的计算流程，在此计算的降雨渗透前锋深度将用于斜坡稳定性计算中。

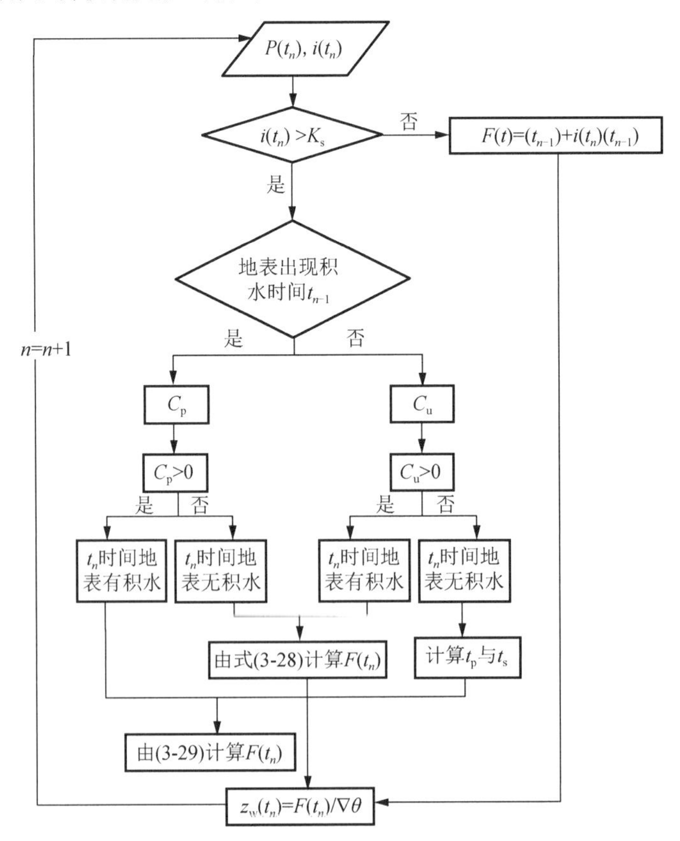

图 3-7　不同降雨强度下入渗前锋深度的计算流程

3.2.3　基于 GIS 的降雨入渗模型与边坡稳定性分析耦合的极限平衡模型

降雨对边坡稳定性的影响主要体现为降雨渗流引起土体重量增加、抗剪强度降低和孔隙水压力的变化。这些变化的起因是雨水下渗引起土体饱和度的变化，由于雨水下渗是非线性的，各因素在三维滑坡体的不同空间位置上的影响程度也不同，需要综合评价。本节的目的是把降雨渗流模型的结果，即土体饱和度的变化与边坡稳定分析三维极限平衡模型耦合，定量评价降雨过程中边坡稳定性的变化。

边坡稳定分析模型采用基于柱体单元的三维极限平衡分析方法。滑坡体的土柱分割由 GIS 栅格数据（Grid 数据）的网格完成。组合模型的总体建模方案如图 3-8 所示。将滑坡体分割为土柱后，不同位置的土柱体在各时刻的饱和度状态不同，其滑动面上的抗剪强度和孔隙水压力的变化程度也不同。耦合模型依据土体饱和度的空间分布，分别计算各土柱体的质量、抗剪强度和作用在滑动面上的孔隙水压力，再依据三维极限平衡方法综合评价三维滑坡体的安全系数。

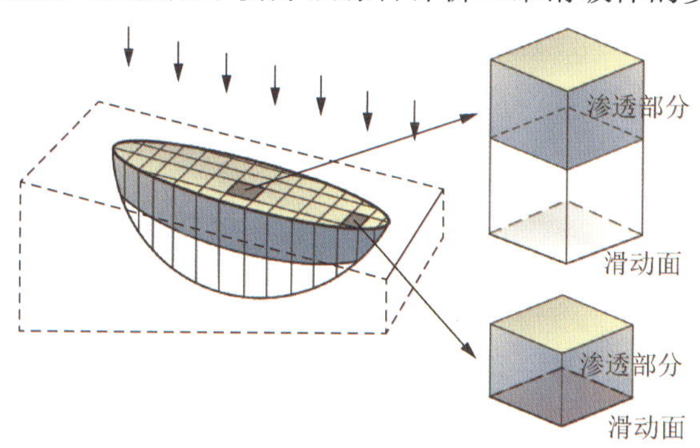

图 3-8　耦合模型的示意图

降雨渗透过程中滑坡体内的饱和度分布状态大致可归纳为以下四种模式。

模式一：在降雨渗透初期，渗透前锋位于滑坡体中部，且滑动面位于地下水面之上［即 $H_w \leqslant H_s$，并且 $(H_0-H_w) > z_w$］。此模式反映强降雨开始后短时间内发生的浅层滑坡的破坏模式。此时，三维滑动面的周边部分（渗透前锋到达的部分）处于饱和（或接近饱和）状态，其他部分（渗透前锋未到达部分）位于自然非饱和状。该模式如图 3-9 所示，处于饱和状态区的土柱体滑动面采用饱和状态下的抗剪强度并同时考虑孔隙水压力的影响和由入渗水量引起的自重增加，其他处于非饱和状态区的土柱体滑动面则采用非饱和状态下的抗剪强度并同时考虑自重增加。

$$\begin{cases} W = [\gamma_{\mathrm{sat1}} z_w + (H_0 - H_s - z_w)\gamma_2]A \\ U = 0 \end{cases} \tag{3-33}$$

式中：H_0 为地表标高；γ_{sat1} 为地表至降雨前锋处的土壤饱和质量；γ_2 为降雨入渗

前锋深度至滑动面之间的土体质量。

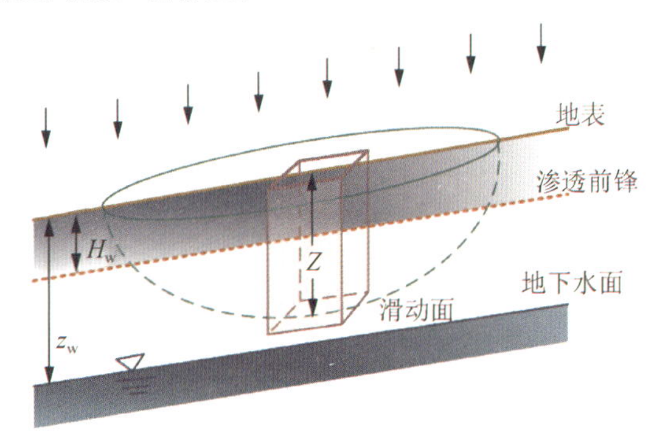

图 3-9　模式一示意图

模式二：地下水位继续上升且与降雨入渗前锋接触［即 $H_w>H_s$，并且 $(H_0-H_w)\leqslant z_w$］，使中间包气带完全饱和（此情况下上升的往往是在透水系数显著不同的两土层交界面形成的临时饱和水带，而非真正的地下水）。此时，滑坡体处于完全饱和状态，所有的土柱体滑动面都将采用饱和状态下的抗剪强度，并同时考虑孔隙水压力的影响和由渗入水量引起的自重增加，如图 3-10 所示。

$$\begin{cases} W = \gamma_{sat}(H_0 - H_s)A \\ U = \rho g(H_0 - H_s)A \end{cases} \tag{3-34}$$

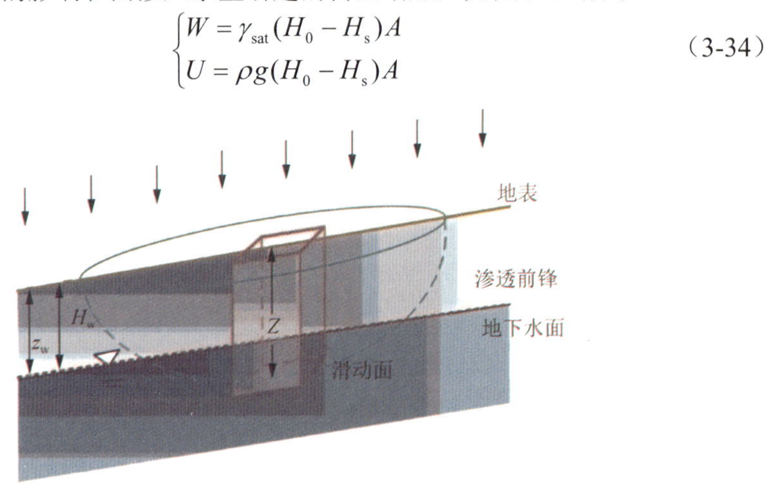

图 3-10　模式二示意图

模式三：随着渗透进行，渗透前锋越过滑动面，且滑动面发生在季节性饱和区内，即滑坡体完全处于饱和（或接近饱和）状态［即 $H_w\leqslant H_s$，并且 $(H_0-H_s)\leqslant z_w$］，如图 3-11 所示。此时，所有的土柱体滑动面都将采用饱和状态下的抗剪强度并同时考虑孔隙水压力的影响和由渗入水量引起的自重增加。此时参数 W、U 与模式二相同。

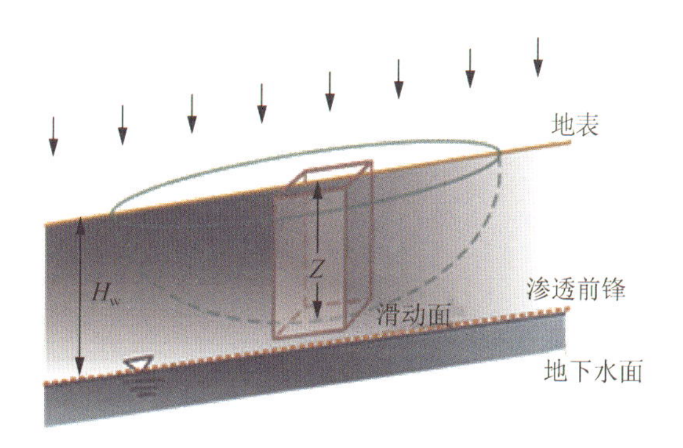

图 3-11　模式三示意图

模式四：渗透前锋到达地下水面后引起地下水上升，但尚未达到季节性饱和区，即地下水面与季节性饱和区之间尚存在中间包气带的非饱和区，且滑动面的一部分处于地下水面下（即 $H_w > H_s$），入渗前锋未到达地下水位处［即 $(H_0 - H_w) > z_w$］，如图 3-12 所示。此模式反映由地下水位变动引起的滑坡模式，多为滞后发生的较大型滑坡。此时，三维滑坡体划分成的土柱体大致分为三种状态：第一种状态是滑坡体周边的土柱体，其底部滑动面位于季节性饱和区中，土柱体处于完全饱和（或接近饱和）状态，土柱体滑动面采用饱和状态下的抗剪强度并同时考虑孔隙水压力的影响和渗入水量引起的自重增加；第二种状态为土柱体的底部滑动面位于中间包气带的非饱和区，采用非饱和状态下的抗剪强度并同时考虑自重增加；第三种状态为土柱体的底部滑动面位于地下水面下，即土柱体分为上部（季节性饱和区）的饱和状态，中部（中间包气带）的非饱和状态和下

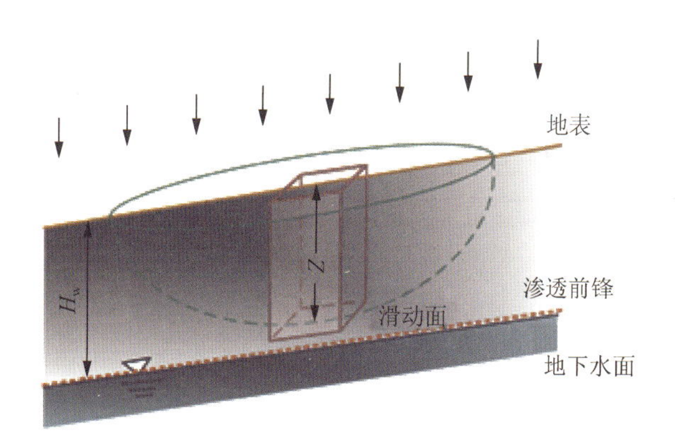

图 3-12　模式四示意图

部（地下水）的饱和状态。此时，土柱体滑动面采用饱和状态下的抗剪强度并同时考虑孔隙水压力的影响和由渗入水量引起的自重增加。

$$U = \rho g(H_w - H_s)A \tag{3-35}$$

式中：ρ 为水的密度。

在分析模式二、模式三和模式四时，滑动范围处于饱和状态，抗剪强度参数 c、ϕ 使用饱和值，模式一取常规值，参数取值可来源于现场试验或者三轴试验。如果这些数据是不可利用的，则尽可能进行经验取值。在决定了各土柱体滑动面上的下滑力和抵抗力的算法后，最后采用三维极限平衡方法计算整个滑坡体的安全系数。

3.3　GIS 支持下的模型算法及程序实现

3.3.1　需求分析

GIS 提供了一个良好的空间数据处理和图形输出平台，但不能处理一些特殊的专业要求。因此，需要在 GIS 环境中开发融合专业模型，GIS 界面与专业模型相结合已成为 GIS 研究领域中的焦点。一般来说，降雨滑坡实时预测三维极限平衡模型与 GIS 的结合有四种形式：①孤立型。GIS 与专业模型运行在不同的系统中。②松散型。GIS 与专业模型的结合通过 ASCⅡ等文件进行数据交换。③紧密型。GIS 与专业模型通过标准的界面进行自动数据交换。④完整型。专业模型镶嵌在 GIS 系统中，这种整合形式不需要进行数据转换，专业模型与 GIS 共有数据模型和数据库管理系统。

降雨滑坡的实时预测系统的开发是基于 COM（component object model）技术开发的一个 GIS 扩展模块。该扩展模块以本书作者早期开发的 3D SlopeGIS 为基础，进一步增加专业模型、完善功能，以形成服务于单体滑坡灾害应急工作的决策支持系统。该模块同样是可以镶嵌在 GIS 软件（ESRI 的 GIS 软件）中运行的。实际上，ArcGIS 本身也是基于 COM 技术（ArcObjects）开发的，因此可以用任意支持 COM 开发的语言在 GIS 中开发各种专业扩展模块。

降雨滑坡灾害实时时空评价模型与 ArcGIS™ 整合的概念如图 3 13 所示，降雨滑坡灾害的所有数据处理均在 ArcGIS™ 中处理，后续分析计算则是利用扩展后的模块系统。

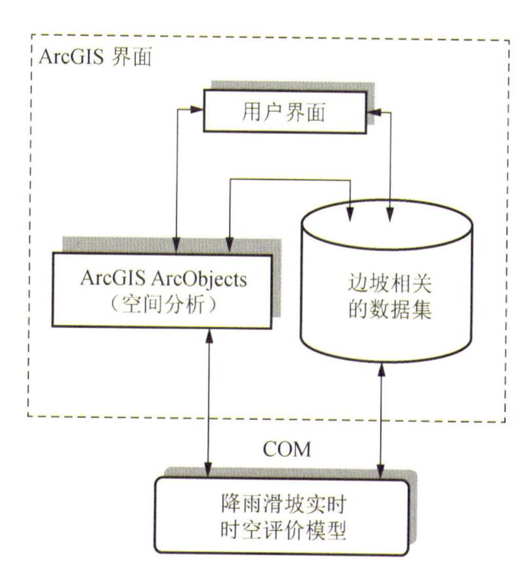

图 3-13 降雨滑坡实时时空评价模型与 ArcGIS™ 整合的概念图

3.3.2 系统功能简述

3D SlopeGIS 系统的基本架构如图 3-14 所示，主要包括以下六个主要模块。

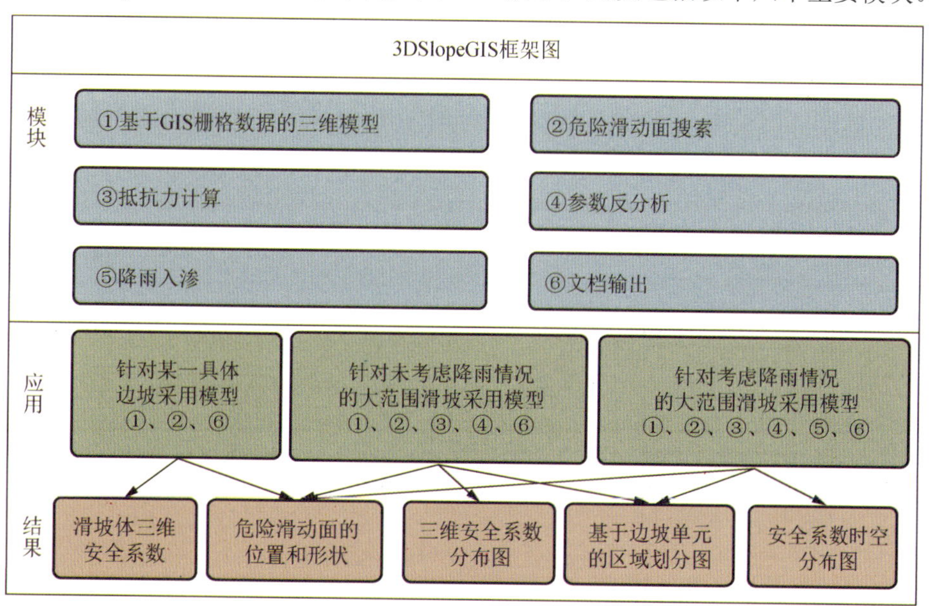

图 3-14 系统功能模块

（1）基于 GIS 栅格数据的三维模型。此模块包含四个基于 GIS 栅格数据的三维极限平衡模型，即利用 Hovland 模型、Janbu 三维扩展模型、Bishop 三维扩展模型和修正的 Hovland 模型来计算滑坡体的三维安全系数。

（2）危险滑动面搜索利用蒙特卡罗方法模拟危险滑动面。

（3）抵抗力计算。

（4）参数反分析模块。

（5）降雨入渗。在本模块中，通过降雨渗透的时空定量评价方法模拟降雨入渗对滑坡体稳定性的影响。

（6）文档输出模块。除了这些主要的分析模块外，3D SlopeGIS 系统还提供一些数据分析工具，如表面分析功能、Shape 编辑工具、三维显示工具等，用来有效处理数据和成果介绍。这些工具的有效结合可以为不同条件下的边坡稳定性分析提供支持。

在获得单体滑坡的地表面与滑动面数据后，通过该系统可以在很短的时间内计算其三维边坡稳定性，其滑坡分析模块数据如图 3-15 所示，用户可以选择任意一种三维模型进行安全系数分析。

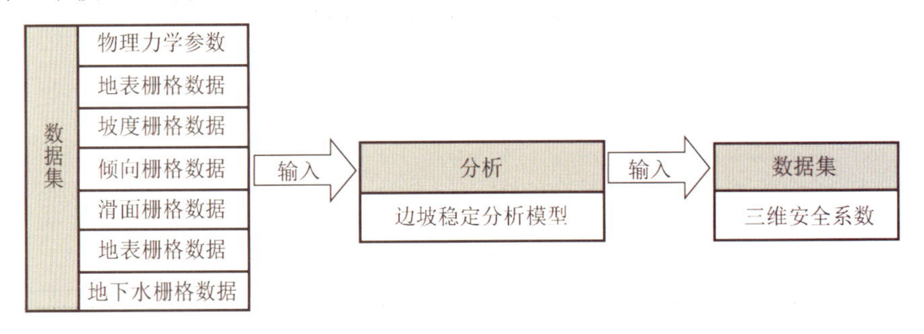

图 3-15　单体滑坡分析数据

降雨滑坡分析模块如图 3-16 所示，其参数来源于模型涉及的降雨数据以及相关的水文地质参数。

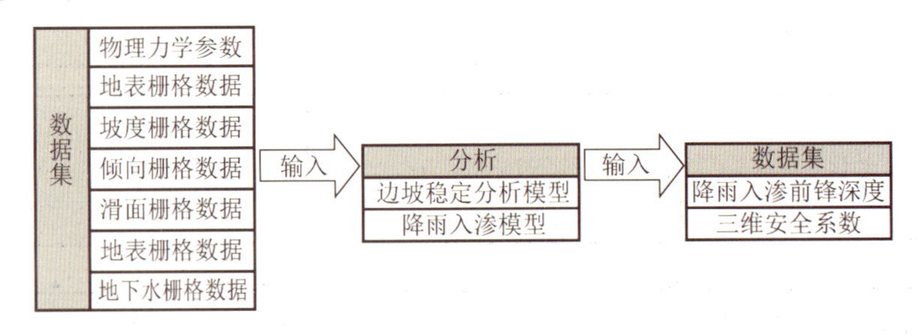

图 3-16　降雨滑坡分析模块

同其他专业的计算机辅助软件一样，该决策支持系统的分析结果依赖于数据的准确性。这需要基于现场调查和室内试验来收集详细的地质信息，对于区域的地质信息收集，这显然是一件成本高的工作，也是区域滑坡灾害评估的主要难点之一。

进行单体滑坡灾害应急决策支持的基本依据是滑坡体的三维安全系数，而三维安全系数分析需要地质几何信息（地表数据、地层数据，包括存在不连续断层的数据）、抗剪强度参数（黏聚力和内摩擦角）和孔隙水压力数据（地下水数据）。一般来说，具备上述信息即可完成对单个滑坡体的分析计算。幸运的是，单体滑坡灾害应急决策支持系统，仅需要地表数据和抗剪强度参数即可完成一个单体滑坡的计算。特定的地表数据可以很方便地从航拍照片或者卫星图片中得到，对于其抗剪强度参数可以从实验数据或者从工程地质经验进行估计。

该系统以程序化的定量时空评价方法为应急工作提供一个确切而有效的决策支持数据，以最少的数据来快速对任意滑坡体进行稳定性评估。这种分析结果即便是不完全准确，但是给决策者的信息是经过科学的理论分析的。经过工程人员的现场调查和室内试验，最后可做出有针对性的详细分析。

3.3.3　算法及程序实现

本书中四个三维极限平衡模型的输入参数和数据层均相同，中间计算变量也是统一的，只是计算三维安全系数的方法不同，其整体计算程序流程如图 3-17 所示，由此便于快速比较计算各模型的计算结果，即在一次计算中可以得到多个不同模型的解。

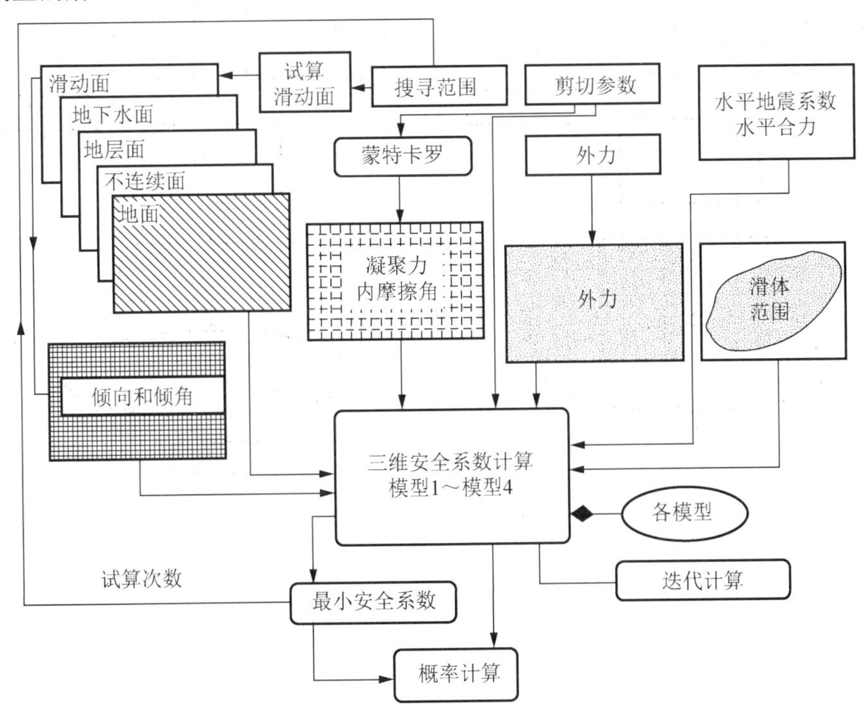

图 3-17　各模型计算流程图

另外，各模型的算法略有不同，所以各模型计算三维安全系数的详细流程如图 3-18～图 3-21 所示。

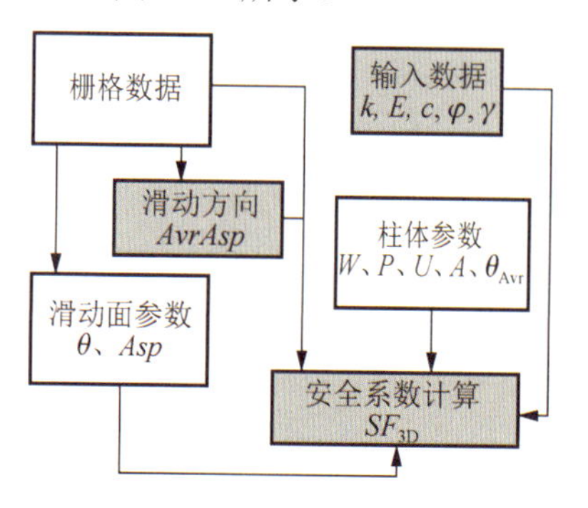

图 3-18　Hovland 三维扩展模型算法流程

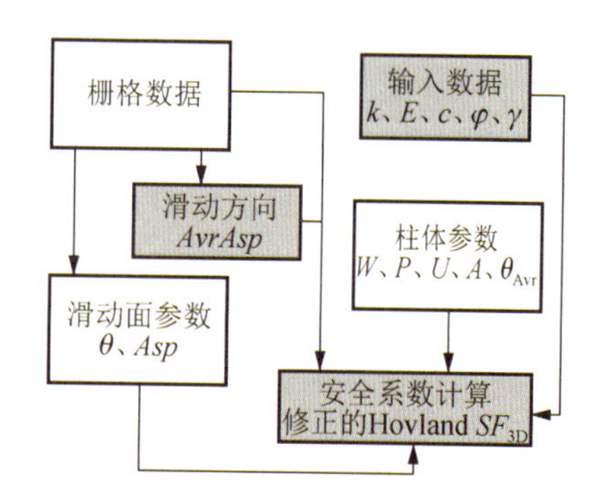

图 3-19　修正的 Hovland 三维模型算法流程

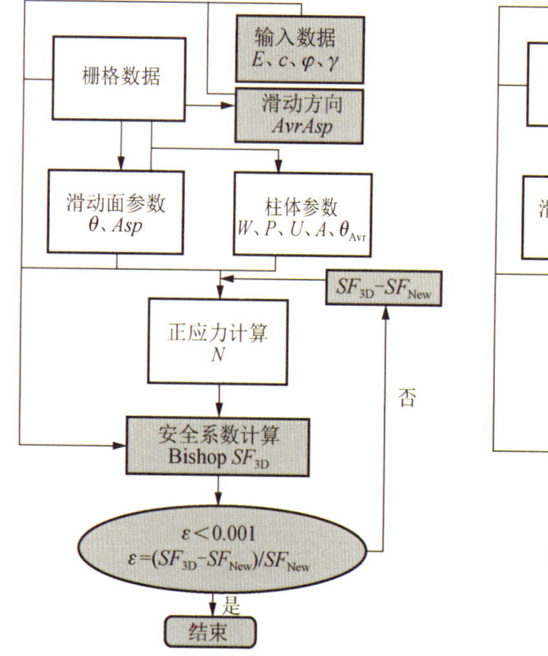

图 3-20　Bishop 三维模型算法流程

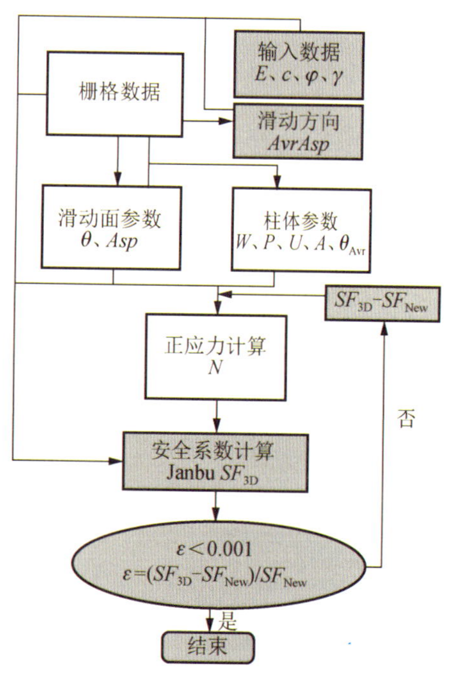

图 3-21　Janbu 三维扩展模型算法流程

在三维极限平衡算法建立的基础上，进一步研究开发了适用于单体滑坡的降雨滑坡三维时空预测系统。系统采用开放式结构框架，各理论模型分别做成专业模块，并增加数据读入处理和评价结果（灾害图等）表现模块。各模块在系统中根据实际需要进行临时组合，以高效完成不同的任务，系统的整体结构方案如图 3-22 所示。数据处理模块主要负责读入不同格式的原始数据，包括地表高程等空间数据和各种参数等非空间数据，并转化成系统格式（基本为 GIS 数据格式），最后保存在系统空间数据库中，以备随时调用。分析模块从数据库中调用所需数据，进行实时降雨渗流和边坡稳定性评价，评价结果按时间序列保存到系统空间数据库中。结果表示，模块从数据库中提取评价结果数据，提供检索查询以及生成各种分析结果图并进行输出。

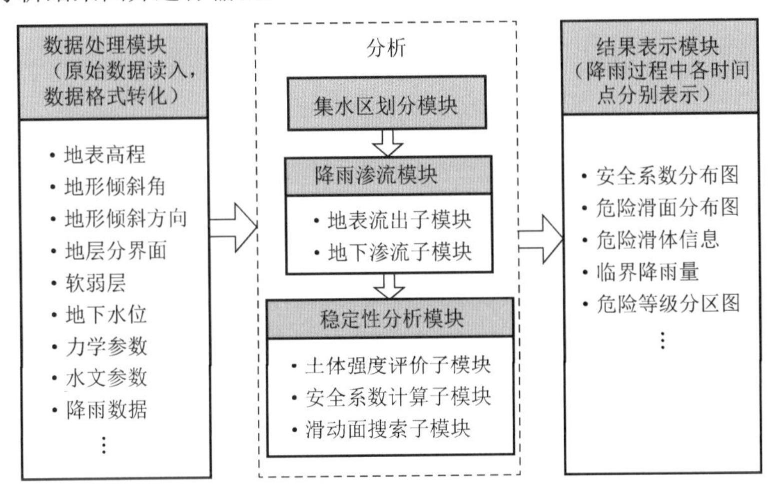

图 3-22　降雨滑坡三维时空预测系统的整体结构方案

为高效完成系统开发工作，本模块开发基于 COM 接口技术采用 ESRI 公司的 ArcObjects 产品进行二次开发。ArcObjects 是利用 VB 编写的独立于操作系统的一套 GIS 功能组件，可提供几乎所有的 GIS 空间数据处理和空间分析功能，并具有良好的扩展性和兼容性。降雨滑坡稳定性分析算法的过程实现如图 3-23 所示。

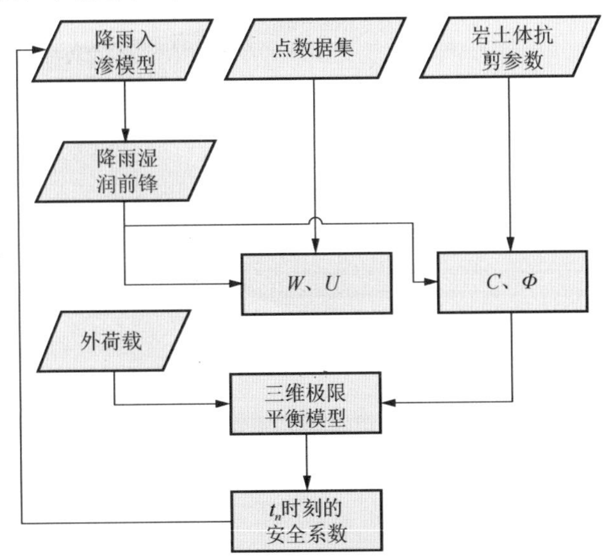

图 3-23　降雨滑坡稳定性分析算法的过程实现

3.4 实 例 分 析

3.4.1 算例一

将本章提出的三维分析方法应用于一个各向同性均质的风化残积土浅覆盖基岩边坡。该斜坡的剖面如图 3-24 所示。距离地表深度为 2m 的面如图 3-25 所示。进行降雨渗透稳定性分析的参数为 $K_\mathrm{s}=1.87\mathrm{cm/h}$ 、 $\psi_\mathrm{f}=55\mathrm{cm}$ 、 $\nabla\theta=\theta_\mathrm{s}-\theta_i=0.28$ 、 $\gamma_i=14\mathrm{kN/m^3}$ 、 $\gamma_\mathrm{sat}=16\mathrm{kN/m^3}$ 、 $c_i'=3\mathrm{kN/m^2}$ 、 $c_\mathrm{w}'=2\mathrm{kN/m^2}$ 、 $\varphi'=24°$ 。

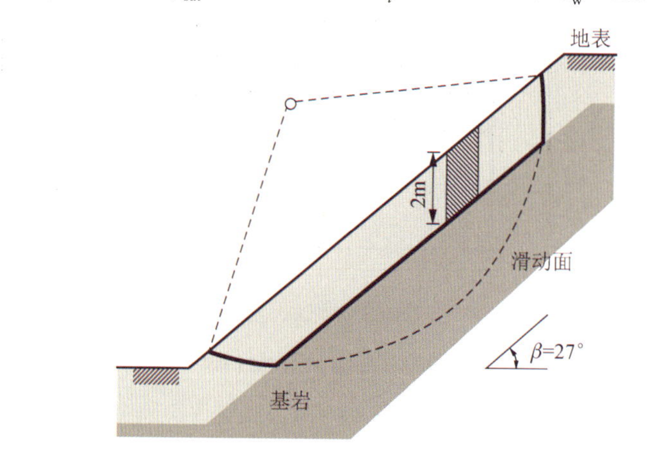

图 3-24　斜坡剖面图

图 3-25　斜坡三维破坏面的二维视图

将两个不同降雨强度为 1*P*=4cm/h 和 2*P*=8cm/h 的降雨事件应用至三维模型分析中。结果如图 3-26 所示：随着降雨事件的持续斜坡的安全系数逐渐减小，并且在降雨持续至 10h 左右时，斜坡安全系数接近 1。由图 3-27 可知，降雨湿润前锋达到基岩处时，安全系数接近于 0.9。

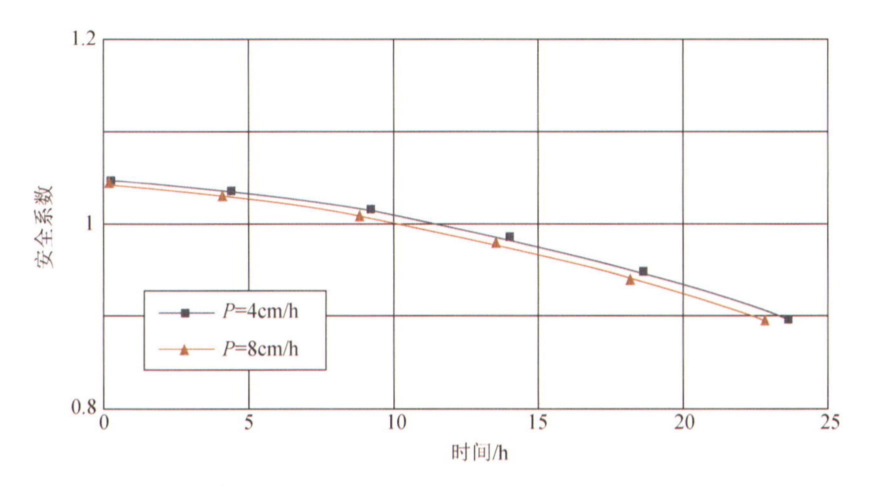

图 3-26　降雨影响下的三维安全系数变化曲线

同时，为了比较三维模型与一维模型的区别，对该例进行一维安全系数的计算，其安全系数计算公式采用无限斜面模型为

$$SF_{1D}=\frac{c'+[H_w\gamma_{sat}+(z-H_w)\gamma_i]\cos^2\beta\tan\varphi'}{[H_w\gamma_{sat}+(z-H_w)\gamma_i]\sin\beta\cos\beta} \tag{3-36}$$

一维和三维安全系数随降雨入渗前锋深度的变化对比关系如图 3-27 所示：一维安全系数的变化幅度小于三维安全系数，并且降雨入渗导致一维安全系数和三维安全系数之间的显著差异，尤其是在浅层滑坡中。

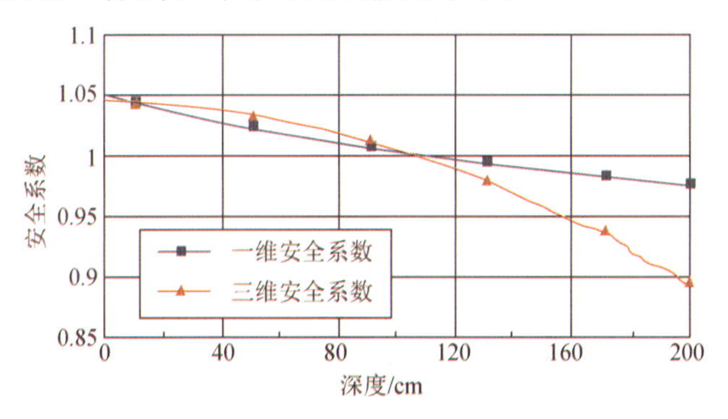

图 3-27　安全系数与降雨入渗前锋的变化曲线

3.4.2　算例二

将本章提出的模型应用至一各向同性的均质人工边坡，该坡体内存在地下水和不连续面，剖面如图 3-28 所示。

人工边坡的三维滑动面为部分圆弧与不连续面的组合，如图 3-29 所示。该人工边坡的地层和不连续面的物理力学参数如表 3-2 所示。施加的载荷包括锚固力、

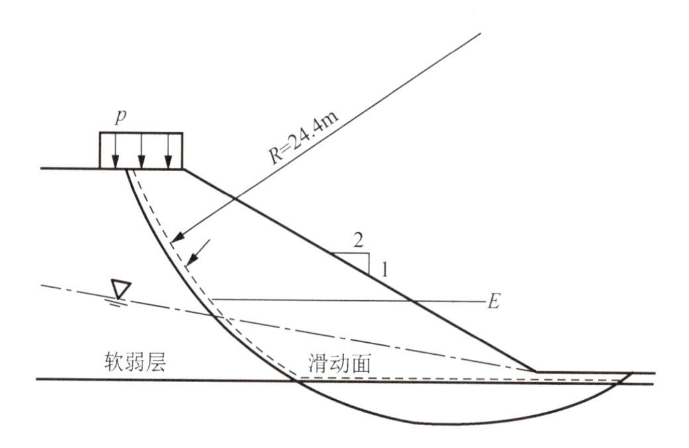

图 3-28　人工边坡剖面图

图 3-29　人工边坡滑动面的三维显示图

表 3-2　人工斜坡的物理力学参数

地层	c' /(kN/m^2)	φ' /(°)	γ /(kN/m^3)	γ_{sat} /(kN/m^3)
表层土壤	29	20	18	20
不连续面	0	10	—	—

地震力、均布荷载和地表水压力作用等外部荷载，所有可以考虑的外界因素均在此例中包含。该算例为岩土工程界众多学者作为边坡稳定计算的基础模型，最初是由 Fredlund 和 Krahn 进行了二维的分析。Xing 将该算例扩展为三维研究，得出不存在地下水位情况下的安全系数为 1.553，存在地下水位情况下的三维安全系数

为 1.441。同时 Hungr 等还用了 CLARA 方法进行了研究，其结果显示是不存在地下水情况下三维安全系数为 1.62，相反则为 1.54。

在未考虑地下水位的情况下，采用本书提出的三维计算模型得到的安全系数如表 3-3 所示。由表 3-3 可以看出，该边坡处于稳定状态，并且随着栅格单元数量的增加安全系数值呈增加趋势。表 3-4 为各分析模型下安全系数的汇总。基于 GIS 的三维极限平衡分析模型得到的安全系数稍大于其他模型下的值。从结果之间的对比来看，本书模型与其他模型所得到数值的平均差异在 6%左右，其区别在于栅格单元数量和尺寸的不同。从结果的汇总可以得到，当栅格单元数量大于 20 000 时，安全系数的变化趋于稳定。

表 3-3　本研究模型的安全系数的计算值

模型	栅格单元数量					
	973	2674	24 631	98 537	157 250	629 823
Bishop 3D 扩展	1.686	1.704	1.720	1.723	1.723	1.724
Janbu 3D 扩展	1.576	1.624	1.624	1.631	1.631	1.633
修正的 Hovland	1.652	1.666	1.678	1.680	1.680	1.681

表 3-4　各分析模型下安全系数的汇总

模型	工况	
	无地下水位	有地下水位
Xing's 3D method	1.548	1.441
Huang's 3D method	1.645	—
3D Bishop method by Hungr	1.620	1.540
3D Bishop method by Lam &Fredlund	1.607	1.511
3D Bishop method by present study	**1.720**	**1.630**
3D Janbu method by Lam & Fredlund	1.558	1.481
3D Janbu method by present study	**1.624**	**1.556**
Revised Hovland method by present study	**1.678**	**1.579**

注：黑体部分为本书模型。

假定在该研究区域内存在一降雨事件，其降雨事件的相关参数为：降雨强度为 60mm/h、K_s=20mm/h、$\psi_f = 500\text{mm}$ 、$\nabla\theta = 0.317$，计算降雨时间间隔为 5h。图 3-30 为计算后随时间变化的土壤入渗率和累积降雨入渗量的实时变化关系。在积水的时间点 t_p，土壤渗透能力等于降雨强度，地表开始出现积水。由于降雨计算时间间隔为 5h，相对于出现地表积水的时间点 t_p（1.32h）相对较久，渗透曲线包含该部分。

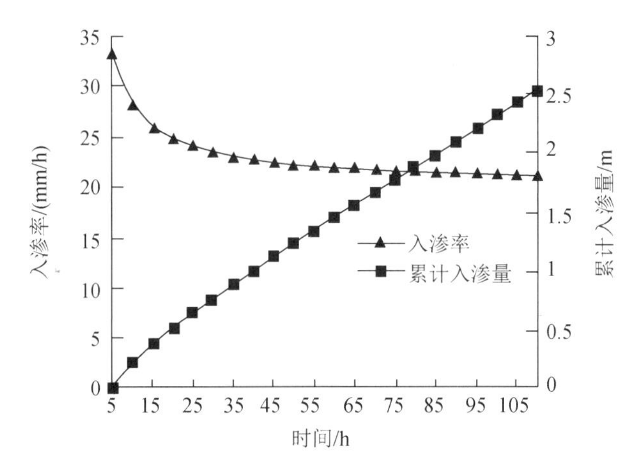

图 3-30　计算后随着时间变化的土壤入渗率和累积降雨入渗量的实时变化关系

实时的三维安全系数变化如图 3-31 所示。在图 3-31 中的模型中不包含扩展的 Bishop 三维模型，因为该模型不能考虑地震的水平作用力。随着降雨入渗前锋的深入使安全系数减小：降雨时间持续 60h，Hovland 模型的安全系数开始小于 1；降雨时间持续 70h，Janbu 模型的安全系数小于 1；降雨时间持续 80h，修正的 Hovland 模型的安全系数小于 1。经过 100h 的持续降雨，降雨入渗前锋深度达到 7.66m，已经越过地下水位（7.3m），边坡所有部分处于饱和状态，以后时间安全系数将保持不变。

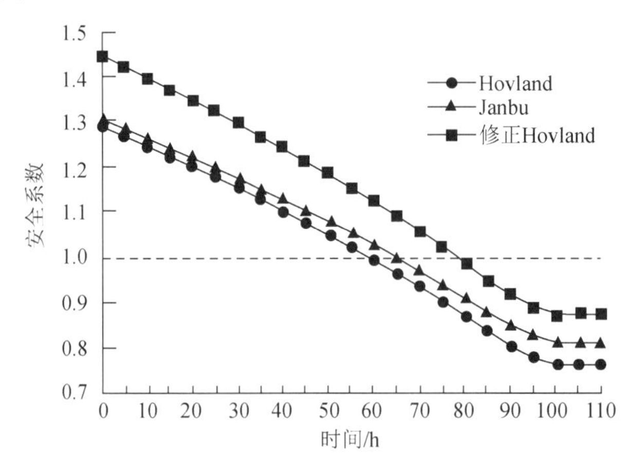

图 3-31　安全系数的实时变化

第4章　蠕动型滑坡变形位移与内部破坏特征差分模型

全国地质灾害大调查结果表明，我国受潜在地质灾害困扰的县级城镇达 400 多个，有 1 万多个村庄受到滑坡、崩塌、泥石流等灾害的威胁，究其原因之一是预防性研究远远跟不上治理工程。如果能够通过宏观可监测到的数据比较准确地预报边坡蠕动变形发展状态，则可采取相应措施，防患于未然，将滑坡灾害造成的损失减少到最低点。由此可见，研究边坡体宏观可监测物理量和边坡内部演化状态之间的关系具有重大的意义。目前在边坡灾变预警预报方面的研究还存在众多的问题，由于影响边坡稳定的因素很多，外因或内因都有可能导致滑坡灾害的发生。现有各种边坡稳定分析方法，主要考虑的因素有岩土体物理力学参数、边坡的地质结构和岩体结构、自然及人为作用等，但却很少涉及边坡位移在地质灾害演化过程中的影响作用。因此，对滑坡变形位移状态和地质灾害演化过程的敏感性关系做专门的研究是十分必要的。

4.1　强度折减法

基于有限元强度折减法的边坡稳定分析的基本原理就是将边坡强度参数——黏聚力 c 和 $\tan\varphi$（其中 φ 为内摩擦角）同时除以一个折减系数 F，得到一组新的黏聚力 c' 和 $\tan\varphi'$。然后作为新的材料参数输入，再进行计算，直至边坡达到极限平衡状态，发生剪切破坏，同时得到临界滑动面，此时对应的折减系数 F 即为最小安全系数。经过折减后的参数 c' 和 φ' 为

$$c' = \frac{c}{F} \tag{4-1}$$

$$\varphi' = \arctan\left(\frac{\tan\varphi}{F}\right) \tag{4-2}$$

有限元强度折减法中滑面的确定较为直观，通过对强度参数的不断折减，到临界状态时，从计算区域的内部应力-应变分析得出的等值线带，或广义剪应变增量等值线图上以最大幅值等值线的连线为中心，向两侧近似对称地扩展，形成一个近乎圆弧形的带状区域，在该带状区的中心位置，应变增量的数值最大，这些最大值点的连线自坡底向上贯通，构成一个弧形的曲线，这条线所在位置就是滑面的位置。此外，通过对计算结果的后处理还可以得到塑性区图或塑性应变等值线图，从这些图上也可直观地反映出滑面的位置。

有限元失稳判据的选取，目前尚无统一的定论，常用的主要有以下三种：①以边坡某个部位的位移或最大位移为标准。边坡的变形破坏总是具有一定的位移特性，因此有限元计算的位移结果是边坡失稳最直观的表达。采用有限元强度折减法对边坡进行稳定分析时，折减系数从起点开始增加，每一折减系数分别对应不同的位移状态，当边坡某一部位的位移相对于前一折减系数突然增大很多，即边坡位移发生突变时，边坡对应的状态即为边坡临界破坏状态，此时的折减系数即为边坡的安全系数。位移与折减系数关系曲线上表现为趋于水平。所以，目前以位移作为失稳判据的一般方法是建立有限元计算的某个部位的位移或最大位移与折减系数的关系曲线，以曲线上的轨点作为边坡处于临界破坏状态的判据。②以有限元计算不收敛为标准。对于材料的非线性，经过有限元离散后，归结为求解一个非线性代数方程组。通常将非线性方程问题转化为一系列线性问题，通过迭代法或增量法使一系列线性解收敛于非线性解。在迭代法求解时，必须给出迭代的收敛标准，否则无法终止迭代计算。迭代收敛准则有位移准则、失衡力准则和能量准则三种。该失稳判据认为非线性有限元计算中，在给定的求解迭代次数和收敛标准内仍未收敛则认为破坏发生。③以广义剪应变或广义塑性应变等某些物理量的变化和分布为标准。理论上，边坡的破坏过程总是伴随着一些物理量的出现和发展，如塑性应变区域，广义剪应变区域的发生、发展直到贯通。该失稳判据认为，当边坡体内的塑性应变或广义剪应变达到某一值或其分布基本贯通时，此时相对应的折减系数即可作为边坡的安全系数。

4.2　经典边坡稳定性分析

设想一个均匀填方的土质边坡模型来分析滑坡地表位移、内部应力与安全系数之间的关系。该土质边坡 y 方向采用 10 个单元宽度，其几何模型及材料参数如图 4-1 所示，其中土的密度 $\rho = 2000\,\mathrm{kg/m^3}$，体积模量 $K = 100\mathrm{MPa}$，剪切模量 $G = 30\mathrm{MPa}$，黏聚力 $c = 24\mathrm{kPa}$，内摩擦角 $\varphi = 23°$，抗拉强度 $\sigma^{\tau} = 1\mathrm{MPa}$，剪胀角 $\psi = 20°$。建立模型时，坡体底边界为固定约束，左右边界为水平约束，计算时采用摩尔-库仑模型。

对边坡的剪切力学参数进行逐级折减，保持其他物理力学参数不变，总计进行了 20 次折减。在此基础上来分析随着折减系数的增加边坡地表变形位移、内部塑性区图、内部剪切应变增量云图、内部最大和最小主应力的特征，以此建立起滑坡表观变形位移与内部破坏特征关系模型。

绘制折减系数与观测点水平方向位移、垂直方向位移和合位移的曲线图，分析表观位移在边坡演化过程中所表现出的特征（图 4-2）。

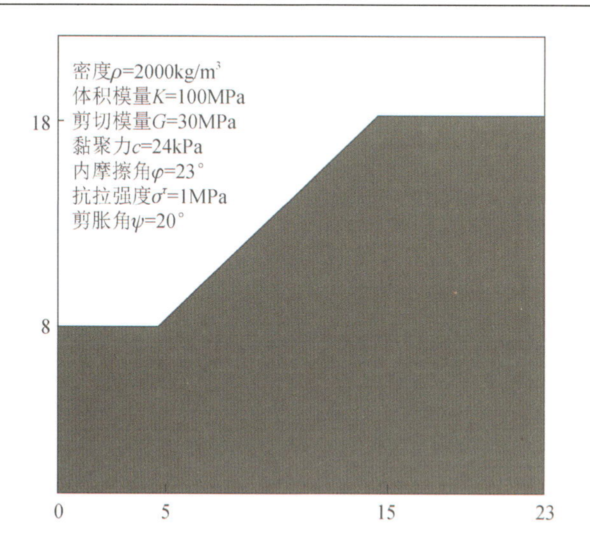

图 4-1　假想均质填方边坡模型

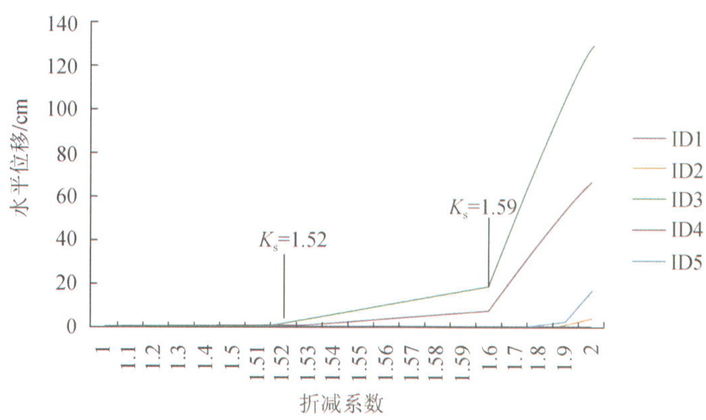

（a）水平位移-折减系数的关系曲线

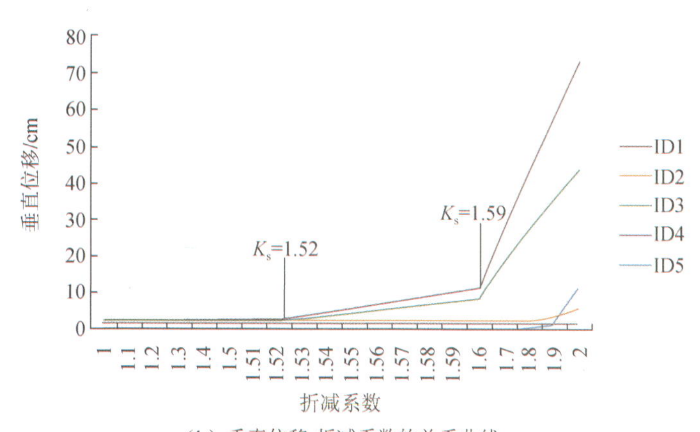

（b）垂直位移-折减系数的关系曲线

图 4-2　位移-折减系数的关系曲线

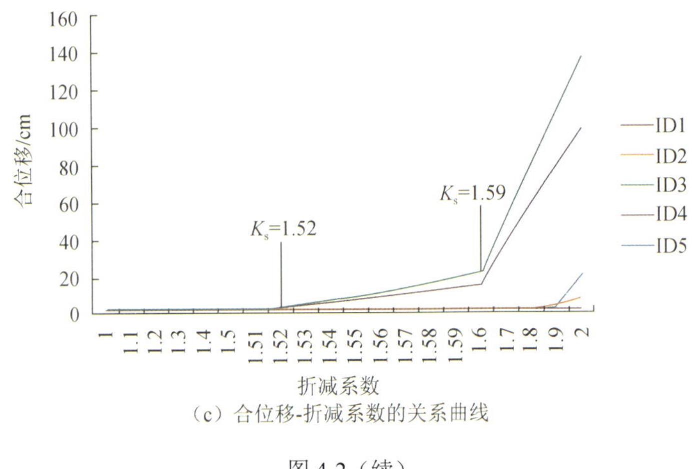

（c）合位移-折减系数的关系曲线

图 4-2（续）

从图 4-2 中可以看出：各方向位移和折减系数的关系曲线几乎都存在两个突变点，对于观测点 ID1 和 ID3，水平方向位移、垂直方向位移、合位移分别在折减系数为 1.52 和 1.59，即安全系数 F_s 为 1.00 和 0.96 时分别出现一次突变；对于 ID2、ID4、ID5 没有明显的突变点，主要原因可能是在边坡失稳破坏时，坡面形状的变形导致边坡变形阶段的不稳定，并不是坡面上所有部位都可以呈现出完整的变形过程。

此外，从图 4-2 中可以看出：位移与折减系数的关系图表现出两个突变点，分别是在折减系数为 1.52 和 1.59，即安全系数 F_s 在 1.00 和 0.96 附近，设这两个突变点的安全系数取值为 a 和 b。在安全系数 F_s 大于 a 之前，边坡位移基本为零；当 F_s 在 a～b，边坡位移呈现小幅匀速上升；当 F_s 小于 b 之后，边坡位移快速上升，表现出滑坡的快速滑动破坏。

同时，将折减过程中边坡的剪切应变云图和塑性区图进行保存，用以辅助表观位移的分析。为了突显边坡在发生、发展过程中，剪切应变增量云图和塑性区图的变化特征，将边坡初始状态、发生、发展至破坏及破坏后的图进行对比分析，通过边坡内部的应力-应变变化，进一步判断边坡内部的蠕变破坏特征，如图 4-3 所示。

从图 4-3 中可以看出：随着折减系数的不断增加（即安全系数的逐渐减小），剪切应变增量云图可以清晰地反映边坡体内蠕动变形的发展趋势，蠕动趋势从坡脚开始发展并逐渐向上部延伸至坡顶，形成近似圆弧形的滑动面；塑性区图反映出最先出现破坏区域位于边坡的坡脚，随之塑性区开始发展，逐渐向滑坡上部延伸，当安全系数 F_s=1.00 时，塑性区贯通，之后滑动带沿着滑动面在坡体内加宽加大，滑体的塑性区也逐渐加大，最终使滑体沿着贯通的滑动面下滑失稳。当折减系数 K_s=1.52 时，此时安全系数 F_s=1.00，与上述位移-折减系数关系图分析中的 a 值接近；当折减系数 K_s=1.59 时，此时安全系数 F_s=0.96，与上述位移-折减系数关系图分析中的 b 值接近。

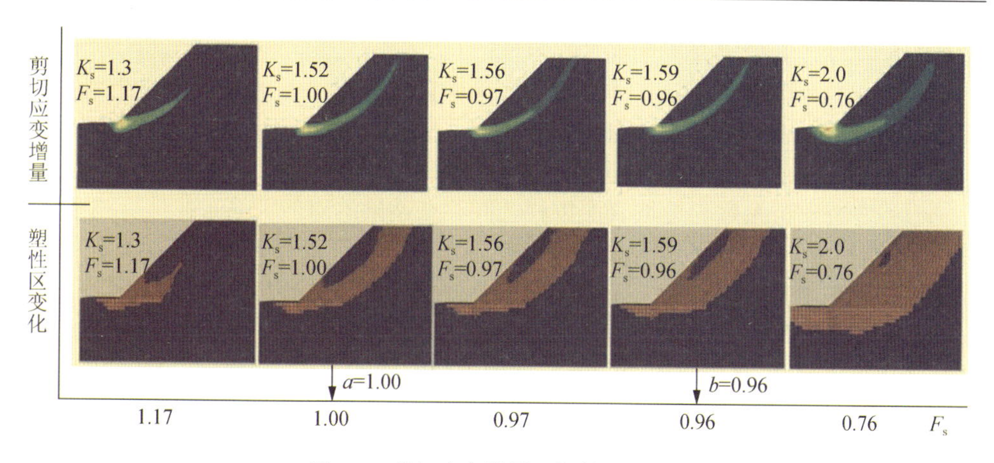

图 4-3　剪切应变增量及塑性区变化图

绘制安全系数与坡体内各个应力观测点的最小主应力、最大主应力曲线图，观察坡体内部应力随着安全系数降低的变化特征（图 4-4）。

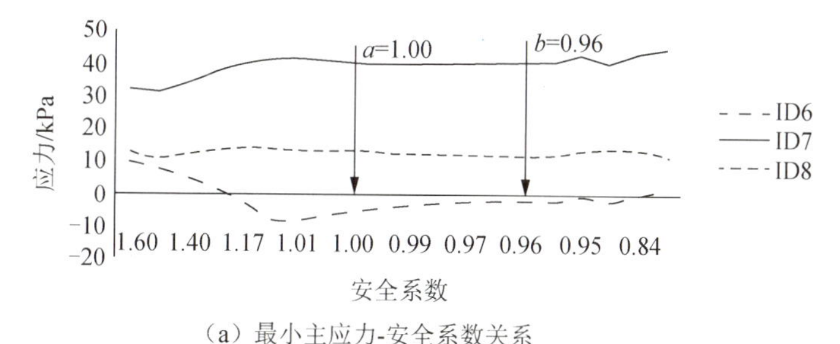

（a）最小主应力-安全系数关系

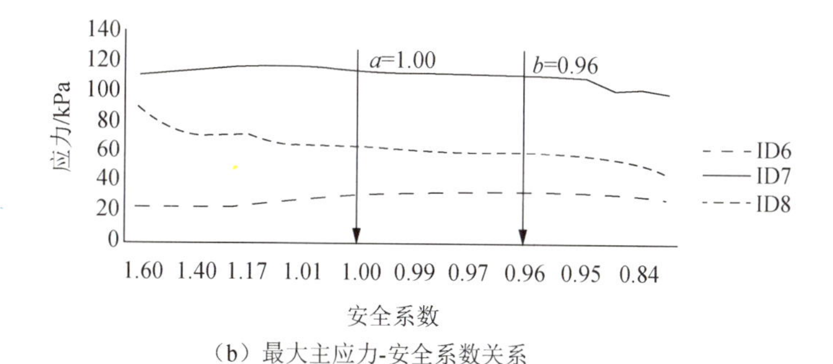

（b）最大主应力-安全系数关系

图 4-4　主应力-安全系数关系

由图 4-4（a）可以看出，坡顶主要出现的是拉破坏，坡中和坡脚出现的是压剪破坏，坡中的最小主应力值较大，坡顶的最小主应力较小；由图 4-4（b）可以看出，边坡整体呈现压剪破坏，坡中的最大主应力值较大，坡顶的最大主应力值较小。此外，随着安全系数的减小，最小和最大主应力没有呈现出明显的变化。边坡内部的应力水平主要是由重力引起的，因为边坡的重量在分析过程中基本不变，因此其应力不会出现明显的变化。所以说，通过监测应力变化来分析蠕动型滑坡的稳定性，其效果是不明显的。

至此，基于强度折减法，本章分析了边坡随着折减系数的增大或安全系数的降低，边坡表面变形位移、内部剪切应变增量云图、内部塑性区图及内部最大和最小主应力变化的特征。综合所有分析，可以得到以下结论。

（1）边坡安全系数与边坡表面位移之间存在明确的对应关系，并且折减系数-位移曲线图分别在安全系数为 a 和 b 时表现出突变特征，且每次突变后，位移都以不同的速率增加。

（2）边坡内部剪切应变增量云图与塑性区图所表现出的内部破坏特征进一步反映了边坡位移-折减系数曲线在 a 和 b 处出现突变的原因。

（3）边坡内部滑动面上的最小和最大主应力随着边坡的破坏未能呈现出明显的变化特征，说明通过监测应力变化来达到对蠕动型滑坡的监测效果不如位移监测明显。

基于上述三点结论，本章介绍了基于边坡表面位移特征分析的蠕动型滑坡变形位移与内部破坏特征关系模型，如表 4-1 所示。

表 4-1　蠕动型滑坡变形位移与内部破坏特征关系模型

边坡稳定性阶段	表面位移特征	安全系数 F_s	塑性区特征
稳定阶段	基本无位移	$F_s \geqslant a$	未形成贯通的塑性区
破坏阶段	位移缓慢增加，匀速变形	$b < F_s < a$	形成贯通的塑性区
失稳阶段	位移急剧增加，加速变形	$F_s \leqslant b$	塑性区快速扩大

4.3　滑坡实例

4.3.1　实验验证

室内滑坡实验需要的主要装置包括模型槽、降雨系统和监测系统。模型槽是滑坡模型堆建的场地；降雨系统为滑坡模型发生、发展的外界诱发因素；监测系统主要用于获取滑坡模型变形过程中的表观位移及裂缝开展情况等（图 4-5）。

图 4-5　滑坡实验模型

本次实验堆建的滑坡模型设计尺寸如图 4-6 所示，在模型槽中人工将实验砂土一点点堆实，并且将堆实的滑坡模型在实验室内静置 48h。这样做的主要目的是使滑坡模型能充分压实，确保在实验开始前滑坡模型处于稳定状态。

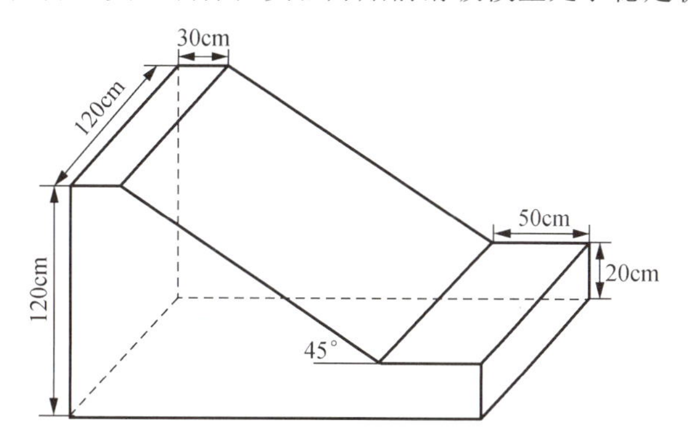

图 4-6　滑坡模型及尺寸示意图

从实验开始至结束一共用时约 6h，实验开始时，每次喷水 30min，停 10min，以避免实验刚开始时滑坡模型发展较快，导致发生瞬间崩滑破坏而无法获得实验数据，在这种模式下进行约 3h，之后，改为持续喷水模式。在自然界中，降雨是诱发滑坡发生的众多因素中最主要的因素之一，在该实验中用喷水来模拟自然界中的降雨现象。在实验中，滑坡后缘最先出现拉裂缝，随着喷水时间和喷水量的逐渐增加，砂土的湿度不断增加，引起砂土质量增加，导致滑坡模型的下滑力逐渐增加，最后沿着拉裂缝产生破坏。

实验结束后，对三维激光扫描仪监测的数据进行数据的配准、拼接、滤波等初处理，然后本实验利用 GIS 平台对点云数据进行后处理，使得监测结果被更直观地表现出来。数据后处理的内容包括 ASCII 数据矢量化、插值生成 DEM、DEM 比较法、变形趋势分析等。

通过对现场的监测及数据的处理，得到滑坡模型的表面变形情况如图 4-7 所示。图 4-7 表示在实验过程中不同时长下滑坡表面 DEM 的变化。通过对数据的整理，可以看出滑坡表面变形呈现出整体下降的趋势。

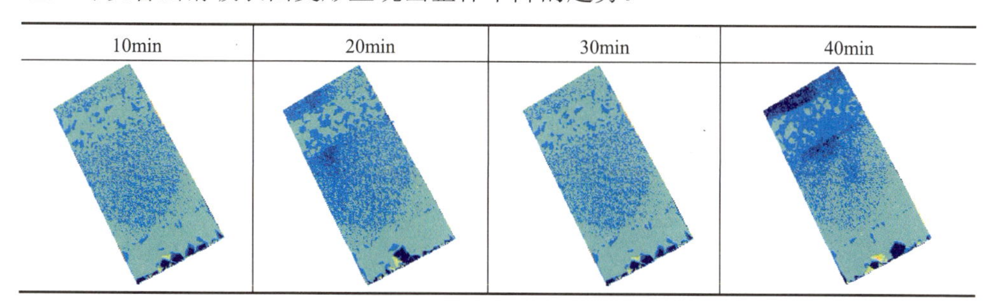

图 4-7　滑坡模型表面变形

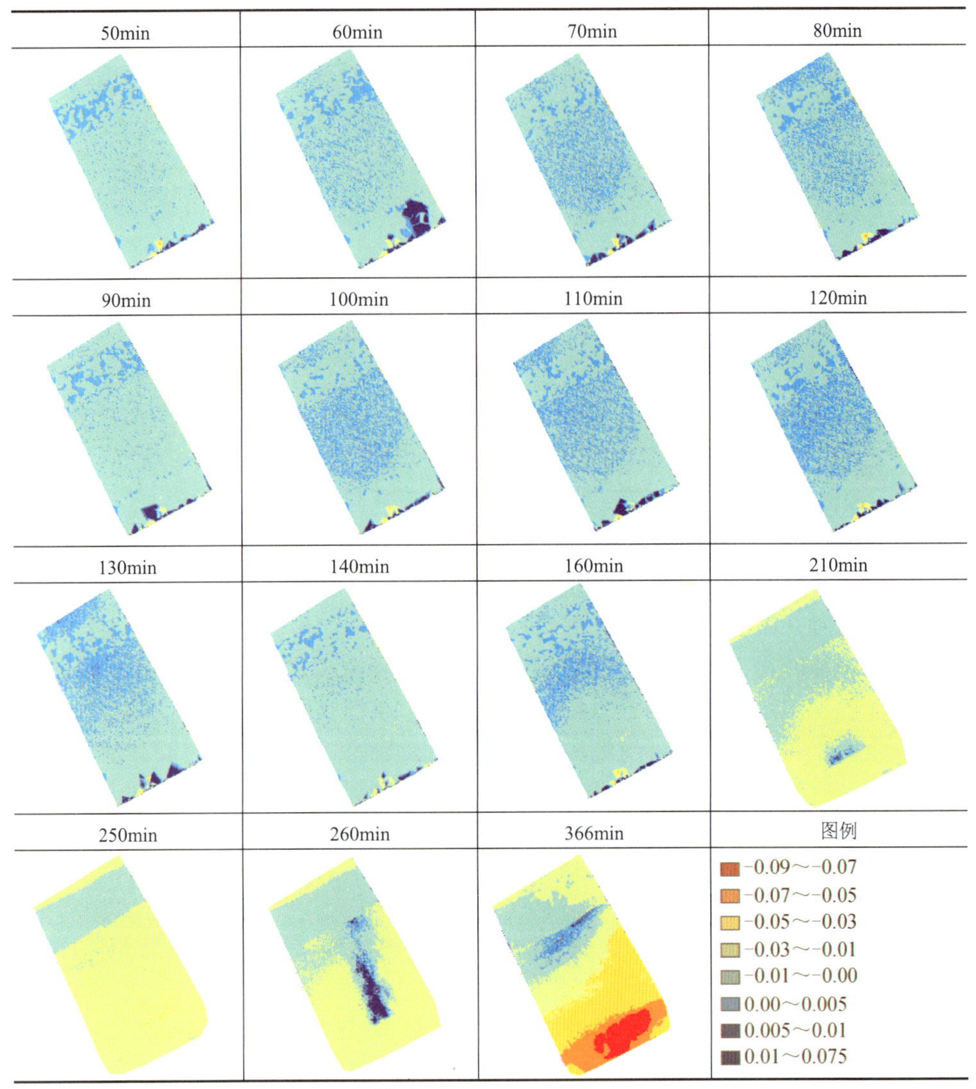

注：负值表示地面下降，正值表示地面抬升。

图 4-7（续）

通过上面分析可以看出，滑坡变形在中下部较为明显，故在滑坡表面选取固定点为坡脚 A、B、C 点和坡顶 D 点，分析滑坡表面垂直位移变化情况，绘制垂直位移-时间关系曲线图，如图 4-8 所示。从图 4-8 中可以看出：在时间为 147 min 左右时，滑坡表面观测点的垂直位移基本都出现一次明显的突变，在此突变点之前位移值较小，且增长较为缓慢，故将时间在 0～147 min 阶段确定为滑坡初始变形阶段，在此突变点之后位移增加的速度稍有加快，在 208min 左右时，位移几乎都出现第二次明显突变，且位移增加的速度进一步加快，说明在这个时间节点之后，滑坡已经失稳破坏，故将 147～208 min 阶段确定为滑坡等速变形阶段，

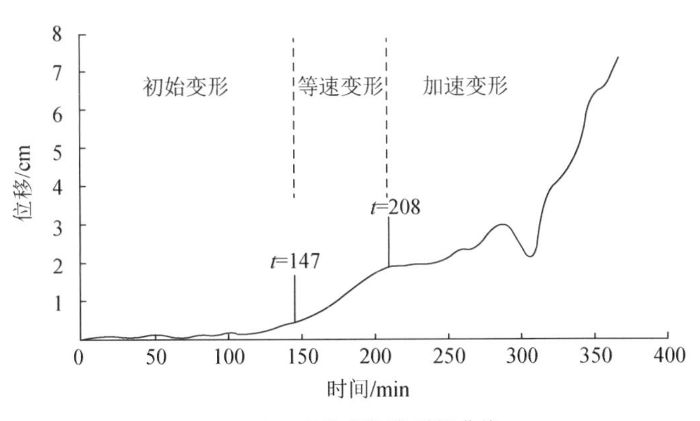

（a）A点垂直位移-时间曲线

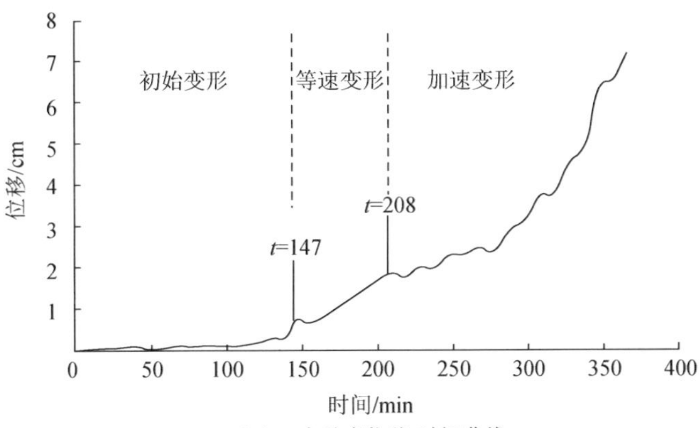

（b）B点垂直位移-时间曲线

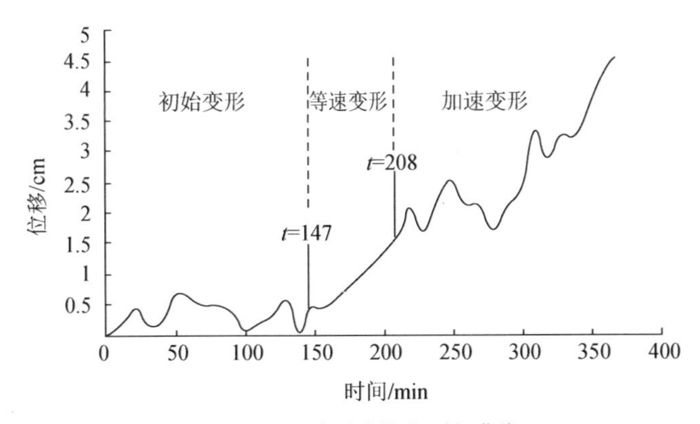

（c）C点垂直位移-时间曲线

图 4-8　坡面固定点的垂直向位移-时间曲线

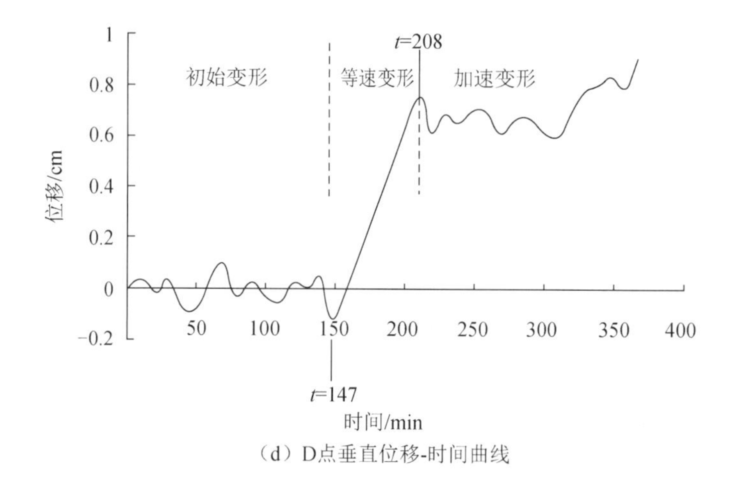

（d）D点垂直位移-时间曲线

图 4-8（续）

208min 之后，确定为滑坡加速变形阶段，出现失稳破坏。图 4-8 中，A 点、B 点和 C 点的位移-时间曲线宏观上呈现出的趋势基本相同，总体上符合典型滑坡位移-时间曲线特征，在细节上表现出一定的波状起伏特征，这三个点位于滑坡模型的前缘，在滑坡破坏后期变形比较明显；D 点的位移-时间曲线宏观上在破坏前期位移值逐渐增加，在破坏后期位移值在细节上呈现出一定的波状起伏特征，数值上趋于平稳，该点位于滑坡模型的后缘，后缘的拉张变形表现较为明显，拉张裂缝连续，具有明显的上、下错动特征。

从图 4-8 中分析可得：由于失稳破坏时，坡面形状的变形导致边坡变形阶段的不稳定性，第一个突变点较为明显，且该突变点前后的位移变形特征较为简单，第二个突变点不是特别明显，且该突变点之后的位移变形特征较为复杂；实验中滑坡表面观测点的垂直位移-时间曲线的特征基本符合典型滑坡累积位移-时间曲线的特征，从而说明该实验的整体设计是合理的，实验所获得的数据具有一定的可信性；另外，也说明了滑坡发生、发展至破坏的过程中，内部破坏程度在宏观上表现出位移的变化，地表位移与内部破坏特征之间存在紧密的联系。通过实验研究，可以验证所提出的蠕动型滑坡变形位移与内部破坏关系模型的可靠性。

4.3.2 实例验证

某滑坡全貌如图 4-9 所示，在平面上整体形态呈扇形，后部呈近似圈椅状，滑坡后缘及两侧以新出现地表裂缝和后方基岩陡壁为界，边界较为明显。该滑坡分布高程为 105～289m，相对高差为 184m，推测滑坡前缘边界位于长江水位以下高程约 105m 位置。自 2009 年 3 月以来，滑坡以每天 1cm 的速度变形，至 2009 年 4 月 4 日，滑坡周缘出现贯通性拉裂缝，中部出现横向拉裂缝，前缘出现塌岸现象。2009 年 5 月，水库水位回落至 156m 后，滑坡变形趋于平缓，2010 年 10 月，水库蓄水至 175 m 以来，该滑坡未出现明显进一步变形的迹象。

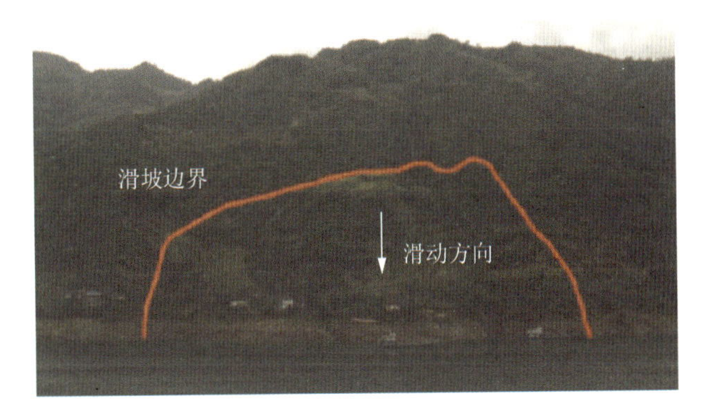

图 4-9　某滑坡全貌

某滑坡堆积体物质组成在垂直方向上变化较大，物质呈不均匀分布，由含角砾粉质黏土、碎块石土组成，其中以砂岩碎裂岩体为主。滑体以砂、泥岩碎裂岩体为主，为强透水层，排泄及径流条件较好。由图 4-10 可以看出，滑坡分为浅层滑体、深层滑体和滑床，其主要参数见表 4-2。

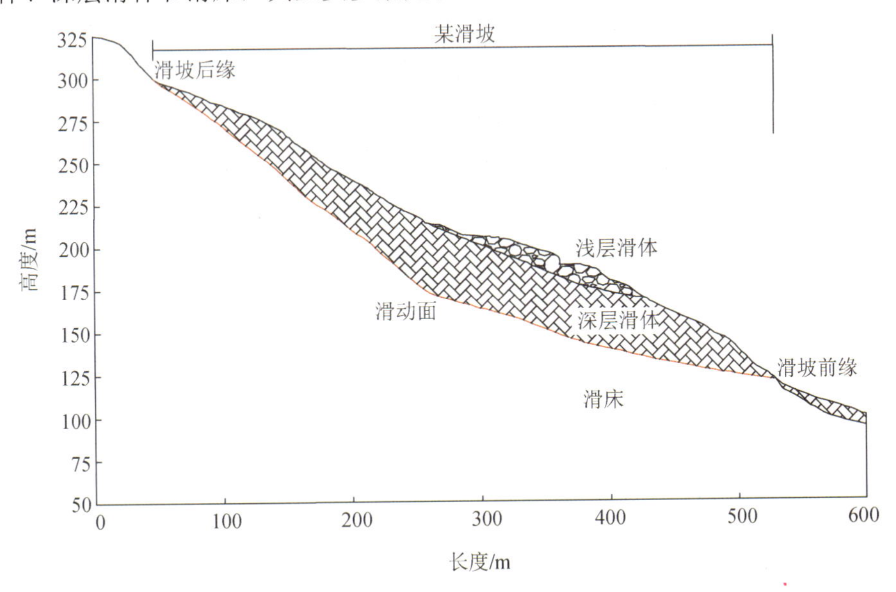

图 4-10　某滑坡工程地质剖面

表 4-2　某滑坡各层参数

土层	ρ / (kN / m^3)	c / kPa	φ /(°)	E / MPa	μ
浅层滑体	22	20.5	19.5	150	0.35
深层滑体	23	26.2	22.5	350	0.32
滑床	25	175	40	7000	0.25

滑坡堆积体包括含角砾粉质黏土、碎块石土和原岩质老滑坡滑动解体后形成的砂、泥岩碎裂岩体，其中含角砾粉质黏土为紫红色，可塑—硬塑状，夹砂、泥岩角砾，角砾含量约 15%，粒径一般为 2～20mm，偶见孤石，广泛分布于滑坡区域内，厚度 0.9～8.7m，其中滑坡中前部较厚，中部陡坡地带较薄。碎块石土层主要由粉质黏土、砂、泥岩碎块石土组成，碎块石呈棱角—次棱角状，强—中等风化，粒径 10～150mm，其含量为 30%～60%，碎块石分布具有随机性，该层广泛分布于滑坡区域内，厚度 0.6～8.1m。滑坡前部较缓，后部较陡，分布较乱。由于砂、泥岩碎裂岩体受搬运影响相对较小，大部分碎裂岩体还保持着原有基岩结构。

滑床形态与其滑面形态基本一致，后缘较陡，中部和前部逐渐变缓，剖面上滑面形态呈近似靠椅状。

采用 FLAC3D 建立计算模型，从坡顶至坡底选取 4 个位移观测点，如图 4-11 所示。

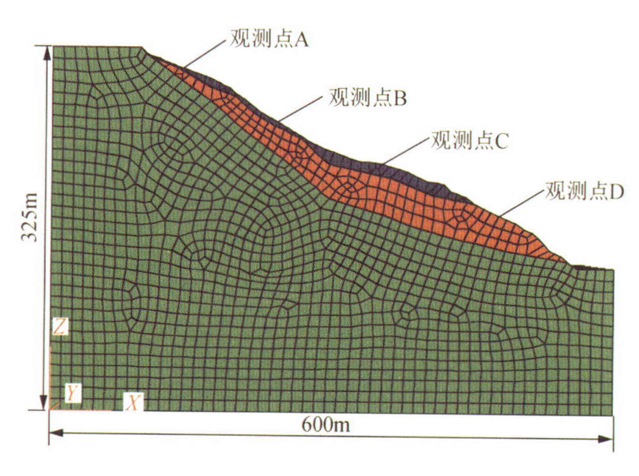

图 4-11　某滑坡计算模型示意图

记录该滑坡在强度折减过程中观测点 A、B、C、D 的水平位移、垂直位移及合位移数据，依据模拟数据绘制位移与折减系数关系曲线，如图 4-12 所示。可以看出：在折减系数为 1.3 时，各观测点的位移曲线出现第一个较明显的突变点，且随后位移缓慢增加；另外，水平位移在折减系数为 1.5 时，出现第二个较为明显的突变点，且位移呈快速增长趋势，所有观测点的垂直位移和合位移曲线的第二个突变点不够明显，部分出现突变点时所对应的折减系数不完全统一，但总体来说随着折减系数的增加，位移曲线会出现两个突变点。

同时，将折减过程中滑坡的剪切应变增量云图和塑性区图进行保存，分析在滑坡发生、发展至破坏及破坏后内部的破坏特征。为了研究在位移发生突变时，滑坡内部剪切应变增量云图和塑性区图的特征，将边坡初始状态、发生、发展至破坏及破坏后所表现的特征进行比较，如图 4-13 所示。

从图 4-13 中可以看出：剪切应变增量云图和塑性区图都可以反映滑动面的位置及发展情况，当折减系数为 1.3 时，内部形成贯通的塑性区，此时坡面观测点位移出现第一个突变点，当折减系数为 1.5 时，塑性区基本发展至整个滑动带，坡面部分观测点位移出现第二个突变点。

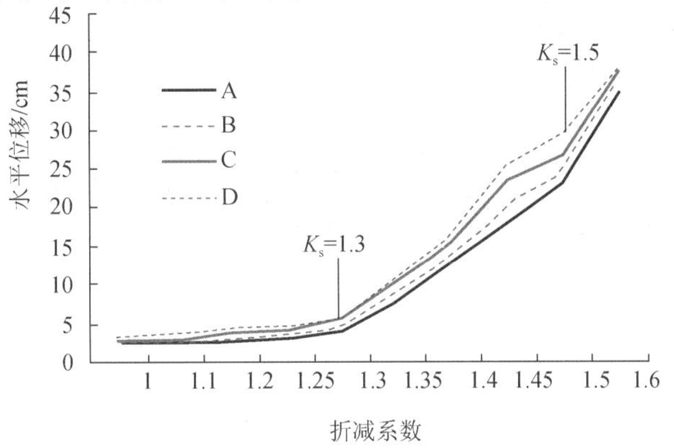

（a）水平位移-折减系数曲线

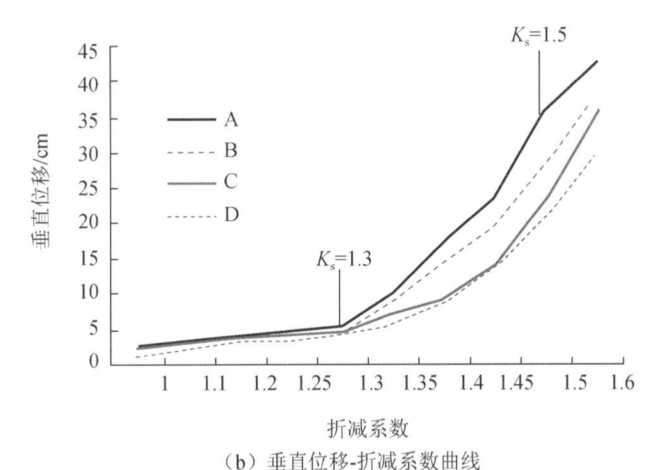

（b）垂直位移-折减系数曲线

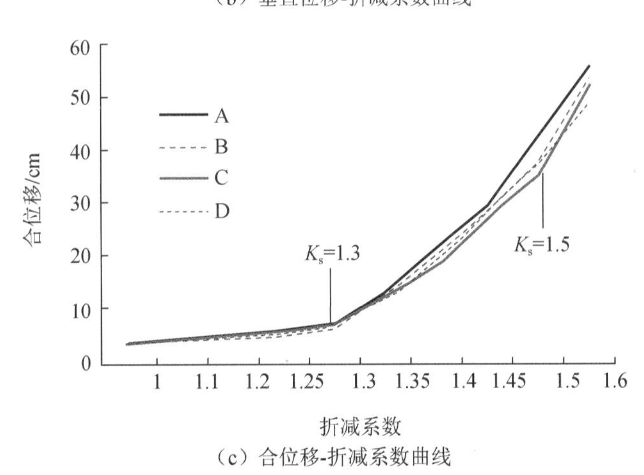

（c）合位移-折减系数曲线

图 4-12　某滑坡位移-折减系数曲线

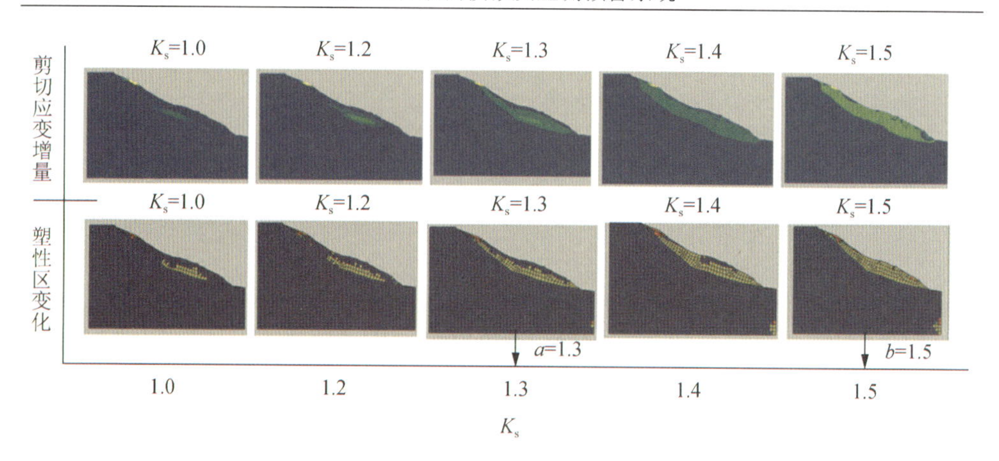

图 4-13 剪切应变增量及塑性区变化

综合上述分析，某滑坡在发生、发展至破坏及破坏后，滑坡地表位移-折减系数曲线存在两个突变点，且分别在折减系数为 1.3 和 1.5，将此时所对应的安全系数分别设为 a 和 b，由此将某滑坡的稳定状态分成以下三个阶段：① $F_s \geqslant a$ 时，基本没有出现滑动，地表位移较小，内部尚未形成贯通的塑性区，处于稳定阶段；② $b < F_s < a$ 时，出现滑动，地表位移呈现缓慢增加的趋势，内部形成贯通的塑性区，滑坡处于破坏阶段；③ $F_s \leqslant b$ 时，出现快速滑动，地表位移呈现急剧增加的趋势，内部的塑性区快速扩大，处于失稳阶段。

该实例研究表明：蠕动型滑坡在发生、发展至破坏及破坏后，滑坡地表位移与内部破坏特征之间存在紧密的关系，在滑坡稳定性阶段发生改变时，地表位移会出现突变性的拐点，第一个突变点较为明显，第二个突变点相对复杂，整体表现出与本书所建立的关系模型基本相同的特征。

4.4 应 用

基于蠕动型滑坡变形位移与内部破坏特征关系模型，我们将滑坡位移与时间（或者安全系数、折减系数等）关系曲线进行如图 4-14 所示的划分，建立基于位移突变点 a、b 的滑坡稳定性阶段判据：当滑坡变形位移曲线未出现第一个突变点时，滑坡处于稳定阶段，地表位移值较小且基本没有变化，内部尚未形成贯通的塑性区；当滑坡变形位移曲线出现第一个突变点且尚未出现第二个突变点时，滑坡处于破坏阶段，地表位移值逐渐增大且增长速率较为缓慢，内部已经形成贯通的塑性区，滑坡处于持续变形中，但不足以沿着滑动面大规模下滑；当滑坡变形位移出现第二个突变点时，滑坡处于失稳阶段，地表位移值陡然增大且增长速率很快，内部塑性区快速发展，滑坡变形较大，随时可能沿着滑动面大规模下滑。

运用上述所建立的判据对某滑坡Ⅱ区及Ⅰ区两个滑坡的稳定性进行评价，得到监测时间段内滑坡的变形特征及稳定性阶段。

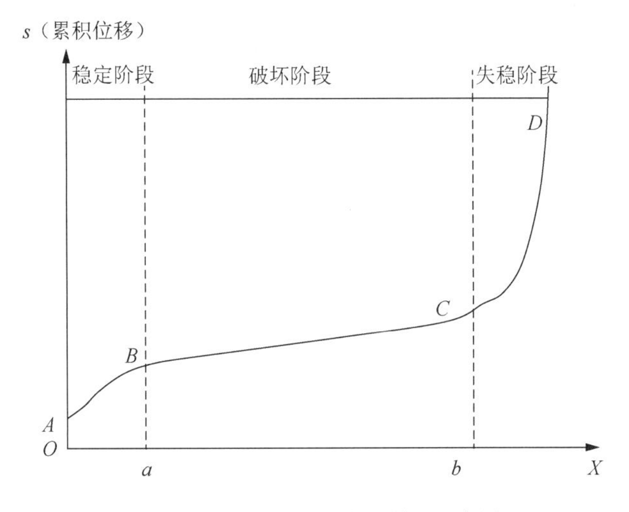

图 4-14　滑坡稳定性阶段判据示意图

4.4.1　地表与深部变形特征分析

对某滑坡Ⅱ区进行现场勘查监测，整理地表及深部位移监测结果，并进行相关分析。

1．地表变形特征

表 4-3 显示了各监测点自 2005～2009 年观测时间段内的水平及垂直位移值，同时绘制了位移等值线图，如图 4-15 所示。可以看出，滑坡中下部的位移变化比较明显，从滑坡前缘到后缘，变形量逐渐减小。

表 4-3　某滑坡Ⅱ区及Ⅰ区地表变形监测成果

区号	监测点	水平位移/mm	垂直位移/mm	观测时段（年-月-日）
Ⅱ区	AL02C	1624.01	683.43	2005-05-18～2009-10-21
	AL03C	1204.53	619.46	
	TP04	1120.77	766.49	2005-05-18～2009-10-21
	TP05	531.22	323.89	
	TP06	1955.42	1022.58	
	TP07	1998.98	823.02	
	TP08	1944.00	902.42	
	TP09	2075.04	1082.27	
	TP10	1825.67	829.17	
	TP11	2274.49	974.97	
	TP12	452.83	683.43	2005-10-09～2009-10-21
	TP13	573.23	351.19	
	TP14	1563.56	933.47	

续表

区号	监测点	水平位移/mm	垂直位移/mm	观测时段（年-月-日）
Ⅱ区	TP15	1.08	4.05	2005-10-09～2009-10-21
	TP16	78.90	33.42	2009-08-21～2009-10-21
Ⅰ区前缘	TP01	158.38	47.62	2005-05-18～2009-10-21
	TP02	109.35	75.53	
	TP03	118.42	88.04	

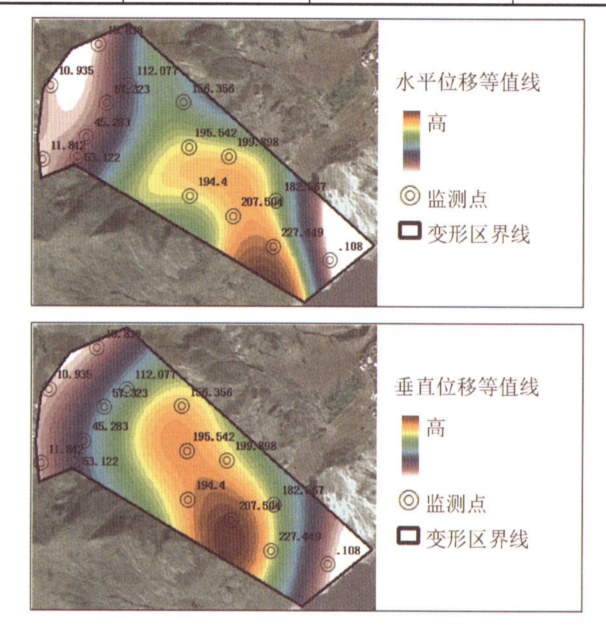

图 4-15　实测位移等值线

另外，统计了观测时间内平面合位移（主滑动方向的位移量）随时间的变化，如图 4-16 所示。从图 4-16 中可以看出：滑坡Ⅱ区变形具有同步性，并呈现出阶跃型变形演化特征；监测曲线分别在每年的 6～8 月出现突然上扬，9 月至次年 5 月趋于平稳，其中 6 月和 7 月位移变化最为突出，每年的 6～8 月该区处于雨季，说明某滑坡Ⅱ区受降雨影响较大。

由于该区变形具有同步性，任一监测点的位移曲线具有与其他监测点相一致的特征，以监测点 TP10 的监测数据为例进行详细分析。从图 4-17～图 4-19 中可以看出：①在监测时间段内，监测点 TP10 的合位移随时间呈直线增长的趋势，位移数值缓慢增大，没有出现突变性的拐点；②位移速率在 171 天（2005 年 11 月 4 日）之前，变化较为凌乱且总体呈增大的趋势，在此时间节点之后，变化较为规整，位移速率逐渐减小并趋于平稳，说明该区处于等速变形阶段；③位移加速度在 83 天（2005 年 8 月 8 日）之前，变化较大且整体呈减小的趋势，在此时间节点之后，变化非常规整，位移加速度逐渐减小并趋于平稳，同样反映出该区处于匀速蠕变阶段。

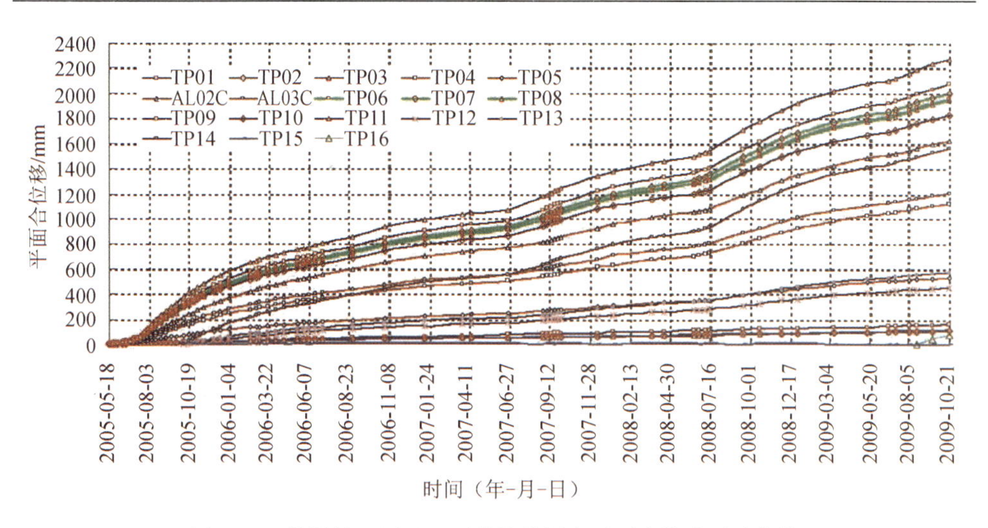

图 4-16　某滑坡Ⅱ区及Ⅰ区前缘监测点平面合位移历时曲线

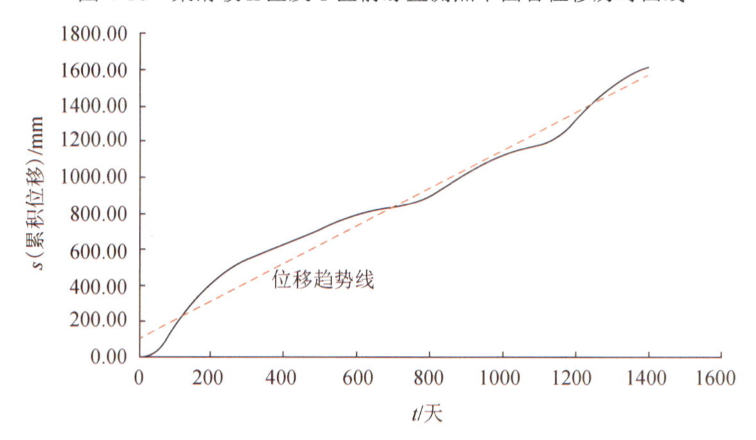

图 4-17　监测点 TP10 平面累积位移-时间曲线

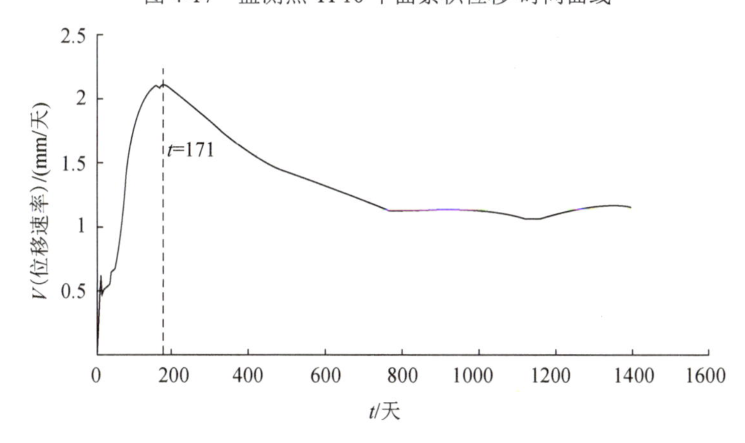

图 4-18　监测点 TP10 位移速率-时间曲线

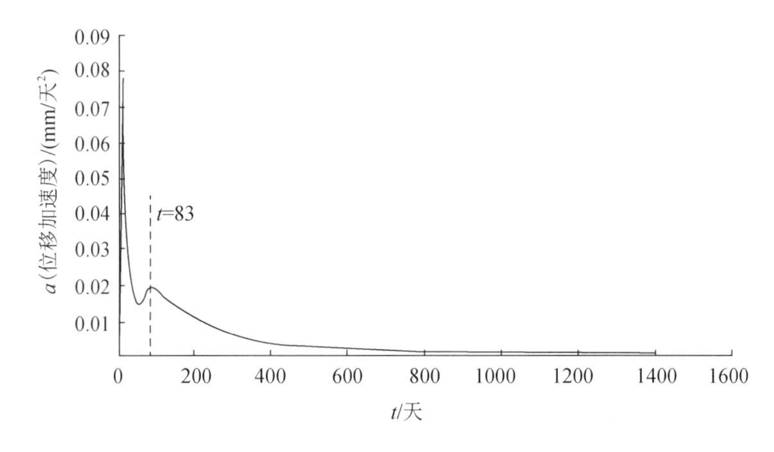

图 4-19　监测点 TP10 位移加速度-时间曲线

利用建立的基于位移突变点的滑坡稳定性阶段判据，结合 TP10 的监测数据分析结果，可以得到：①位移曲线中未出现明显的突变点，而位移数值在缓慢增加，说明在此监测时段开始之前，该区已经处于滑动变形中，突变点 *a* 所处的时刻已经出现且未被监测到，突变点 *b* 所处的时刻还未到来；②该区在此监测时段内处于突变点 *a* 和 *b* 之间，故处于破坏阶段，坡体内部已经形成贯通的塑性区，地表位移缓慢增加，滑体沿着滑动面以整体蠕滑为主，不会出现突然大规模下滑现象；③在利用此判据对实际滑坡分析时，突变点 *a* 极有可能在开始监测之前已经出现，突变点 *b* 也有可能不会出现，但只要持续监测，突变点 *b* 会在滑坡监测位移-时间曲线中表现出来。

将各监测点的位移速率在图 4-20 中进行显示，可以直观地看到该区的变形特征。从图 4-20 中可以看出Ⅱ区变形体的总的特征为：①从后缘到前缘，变形量逐渐增加，各点位移速率逐渐增大；②Ⅱ区后缘陡坎以上变形小，平均日变形位移为 0.06～0.1mm；③位于Ⅱ区后缘的 TP04、TP05、TP12、TP14、AL03C 的平均日变形位移为 0.30～0.77mm，中下部地表变形监测点日变形位移大于 1.0mm。

2. 深部变形分析

在该区高程 1296.34m 处布置 3 个钻孔倾斜仪［即 IN04（JZK33）、IN05（JZK61）、IN06（JZK60）］来监测滑坡深部变形，分别绘制各测斜管不同深部位移分布图，如图 4-21～图 4-23 所示。可以看出：①IN04 的位错带在基覆面一带，观测的有效时间是 54 天，最大位错是 43.93mm，平均日位移是 0.81mm；②IN05 位错带位于千枚岩碎屑土层底，观测的有效时间是 30 天，最大位借是 46.07mm，平均日位移是 1.54mm；③IN06 的位错带位于千枚岩碎屑土层中上部，观测的有效时间是 18 天，最大位错是 28.49mm，平均日位移是 1.58mm。Ⅱ区深部的变形也表现为前缘变形比后缘大的特征。由此表明：Ⅱ区变形在上部是沿着基覆面蠕滑，而在中部、下部及前缘一带则是沿着千枚岩碎屑土层下部蠕滑，该区变形是以整体蠕滑为主。

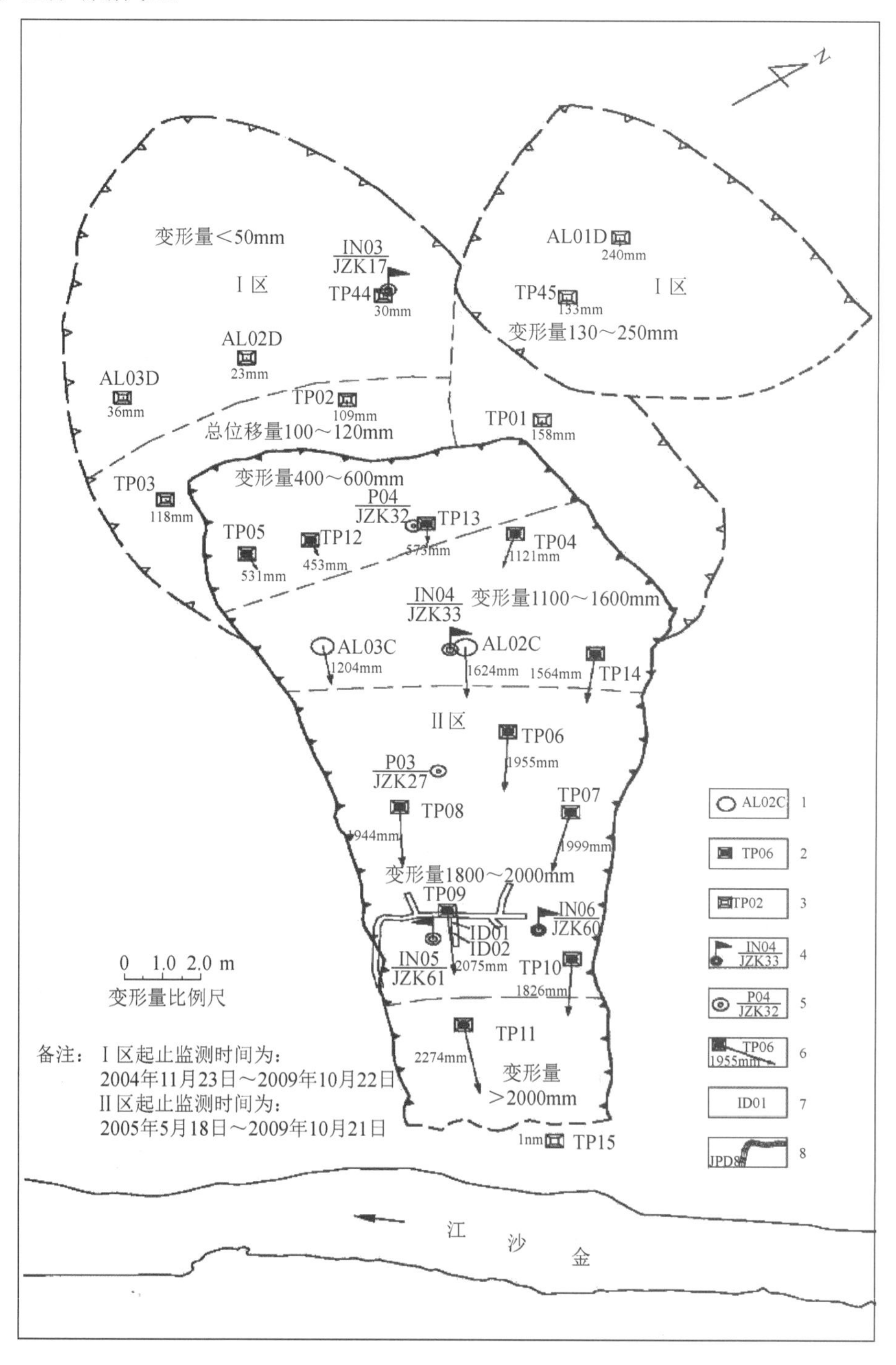

图4-20　II区监测点变形矢量示意图

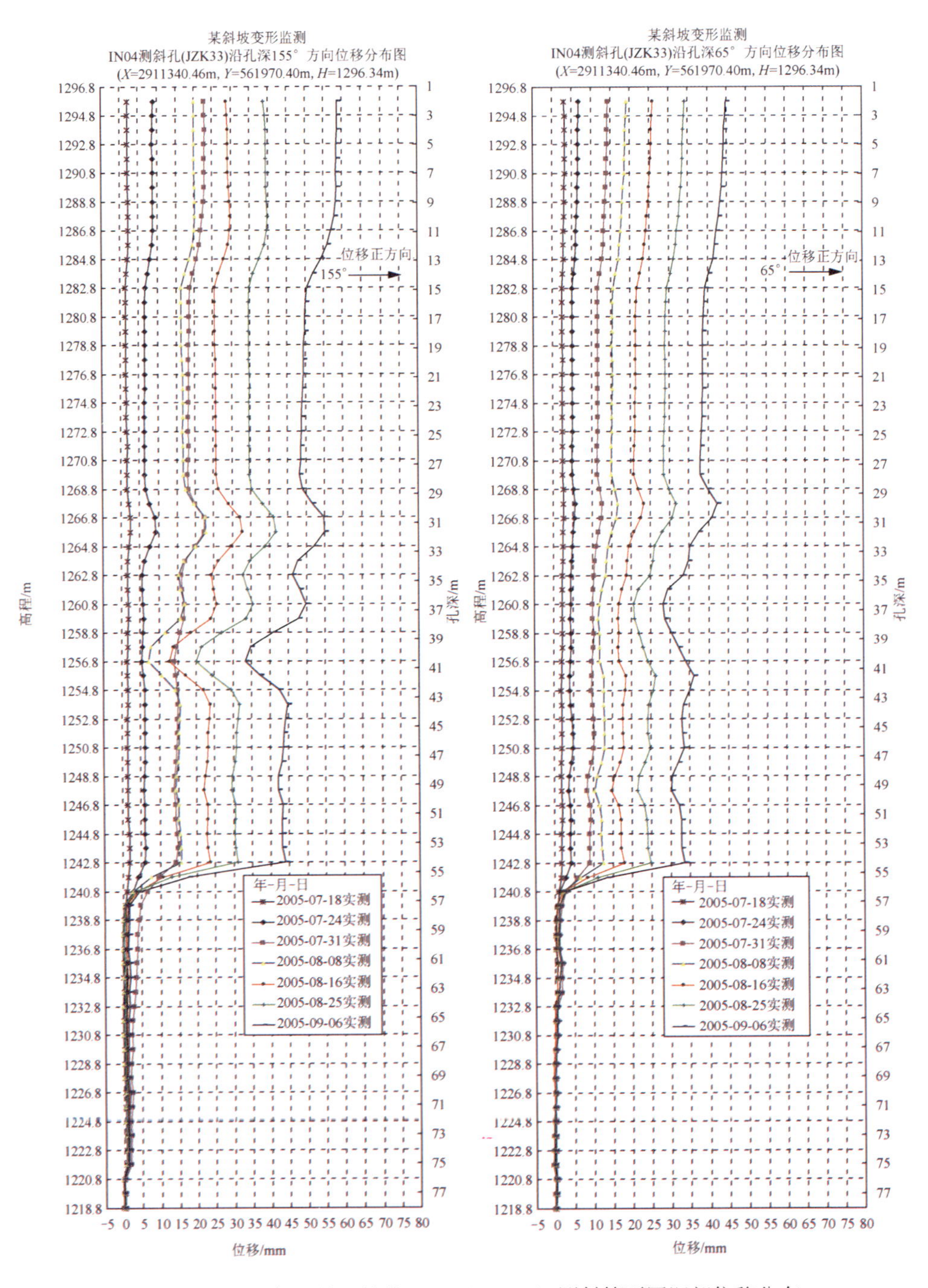

图 4-21　2005 年 9 月 6 日前 IN04（JZK33）测斜管不同深部位移分布

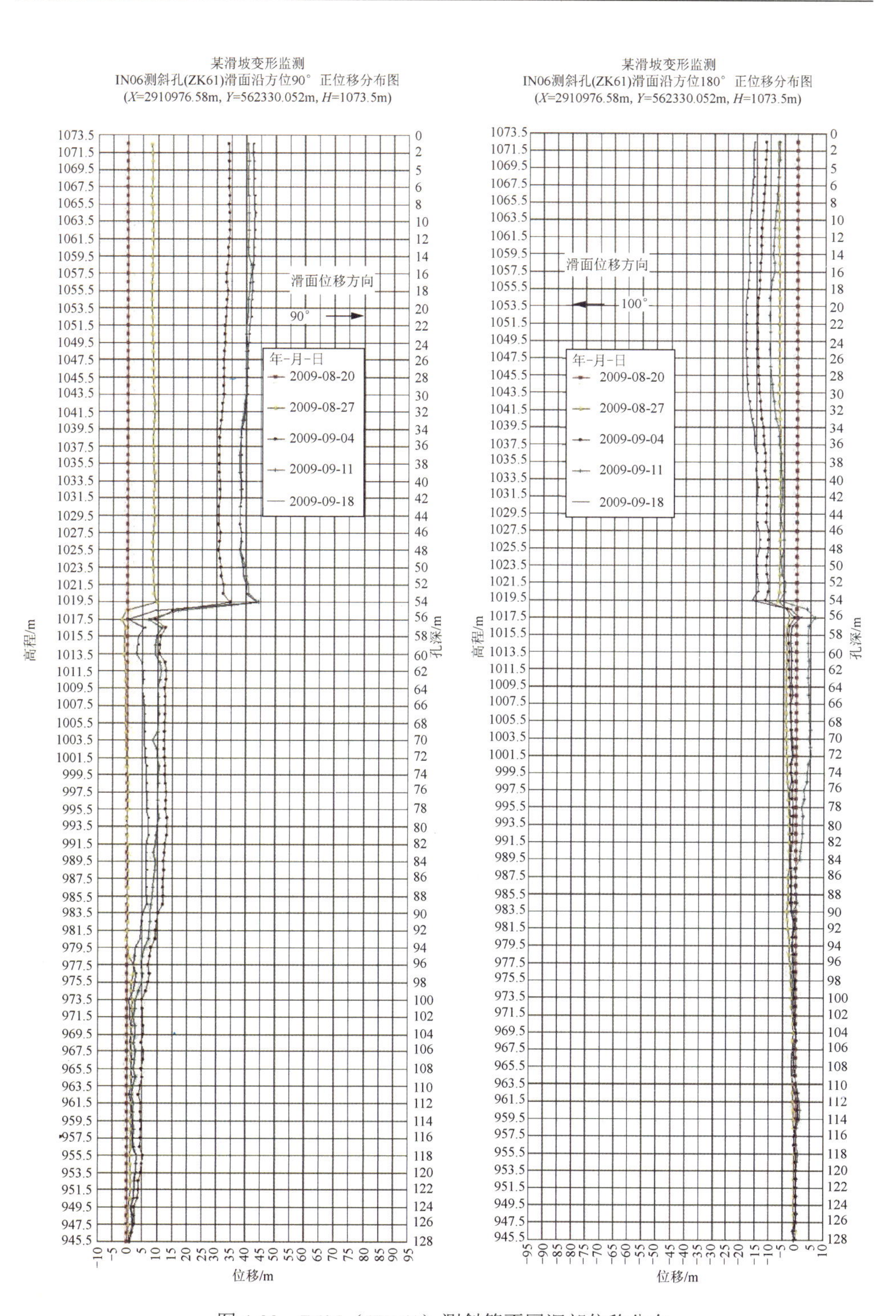

图 4-22　IN05（JZK61）测斜管不同深部位移分布

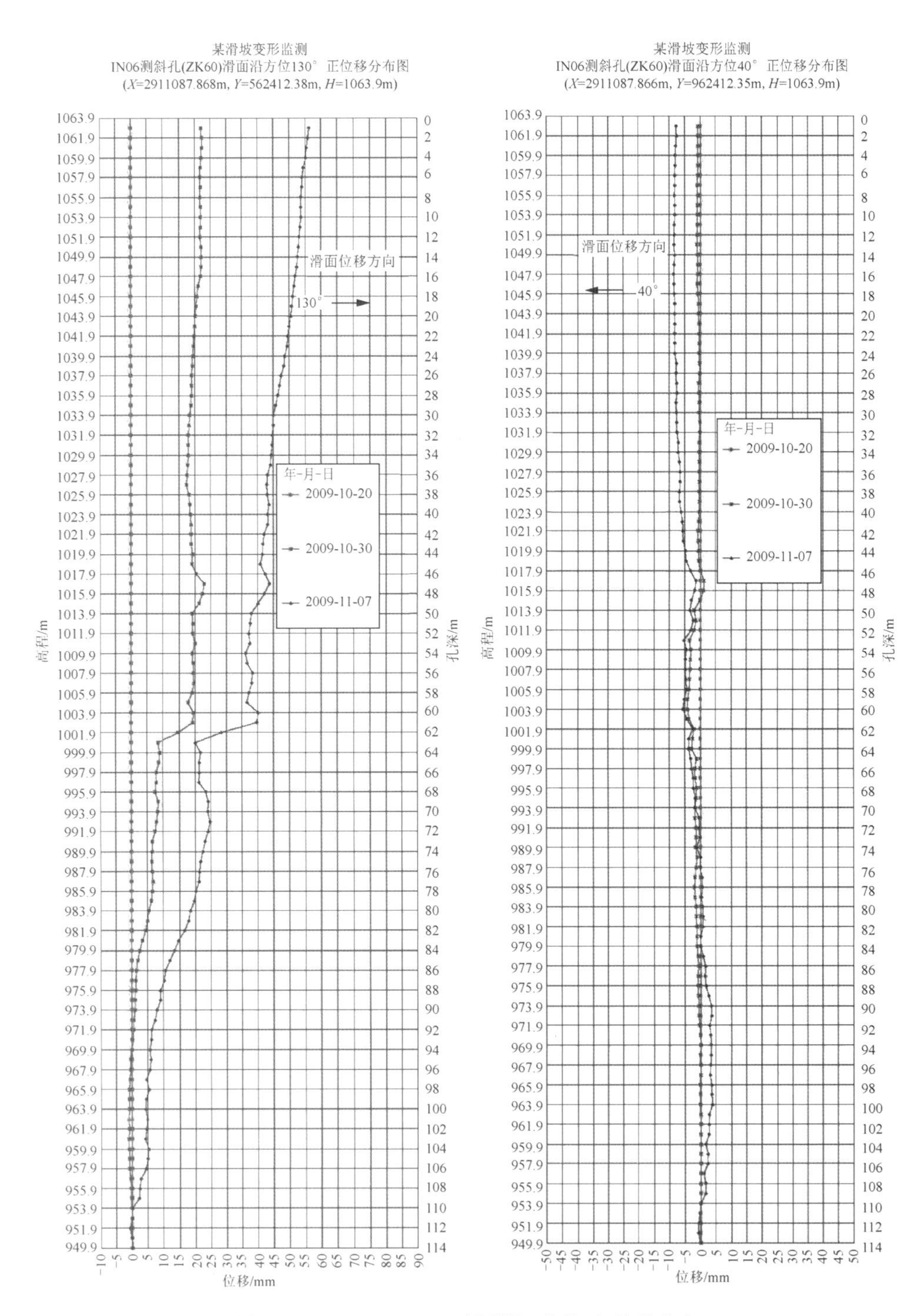

图 4-23　IN06（JZK60）测斜管不同深部位移分布

4.4.2 变形机制分析

某滑坡Ⅱ区特有的地形地貌、地层岩性以及地质构造条件是滑坡形成的内因，控制滑坡的形成和发展。而降雨、地下水位的升降等加速了滑坡的变形，这些因素都对滑坡的变形起重要的激励作用。

1. 地质因素对滑坡变形的控制

该区呈上宽下窄的凹槽状地形，平面上呈一倒放的“长颈大肚”花瓶状，凹槽中下部堆积体受两侧坚硬基岩的夹制，区内发育两条较大冲沟。该区平均地形坡度为 26°，基岩面平均坡度为 23°，已与崩坡积土体的内摩擦角相当。这些地形条件都控制着金坪子滑坡Ⅱ区的形成和发展。

某滑坡Ⅱ区及其外围基岩为中元古界会理群落雪组、黑山组，震旦系下统澄江组、上统观音崖组、灯影组及侵入的辉绿岩等。第四系堆积物类型复杂，冲积物、洪积物、崩塌堆积物、滑坡堆积物、坡积物等混杂。可见，某滑坡Ⅱ区地层为斜坡的变形破坏奠定了物质基础，在重力作用下，第四系堆积物沿着基岩产生蠕动变形，从而牵引上部岩土体产生拉裂变形，逐渐发展为大规模滑移变形。

此外，某滑坡Ⅱ区构造复杂，基岩地层是双层结构，断层、裂隙发育。双层结构是指由中元古界会理群落雪组、黑山组构成的褶皱基底和由震旦系下统澄江组、上统观音崖组、灯影组构成的沉积盖层，基底与盖层呈角度不整合接触。断层主要沿两个方向发育：一组断层近东西向，纵贯某滑坡Ⅱ区，规模较大；另一组断层近南北向。这两组断层形成棋盘格状。裂隙走向主要为两组：走向 35°～45° 的 NNE 组，裂隙短小，面多平直、闭合；走向 295°～305° 的 NWW 组，裂隙多为高倾角，较长大，裂隙面粗糙，多张开，无充填或碎石、土等充填，倾角陡。总的来说，这些地质因素控制了某滑坡Ⅱ区的形成和发展。

2. 大气降雨和地下水位对滑坡变形的激励

该区前缘基岩面高程 880m，高出枯水期江水水位约 60m，故不受大坝泄洪雾雨和大坝泄洪洪水涨落的影响。某区降雨具有明显的季节性变化特征，滑坡变形速率与降雨量间的相互关系如图 4-24 中所示：Ⅱ区监测点 TP01、TP02、TP03 的变形速率与降雨相关性稍弱，其余监测点均显示滑坡变形速率与降雨存在明显的正相关关系。雨季，变形速率增大并达到峰值，但略滞后于降雨峰值；旱季，变形速率降低并保持低值。其中，Ⅱ区中部到前缘的监测点 TP06～TP11、TP14 在旱季时位移速率约 0.6mm/天，雨季时达 2.0mm/天以上；其余各点速率较小，旱季为 0～0.2mm/天，雨季最大约为 0.4mm/天。总的来说，Ⅱ区变形均不同程度地受到降雨的影响，且滑坡中部至前缘区域受降雨影响最为强烈，充分表明了大气降雨是引起该滑坡变形的主要因素之一。

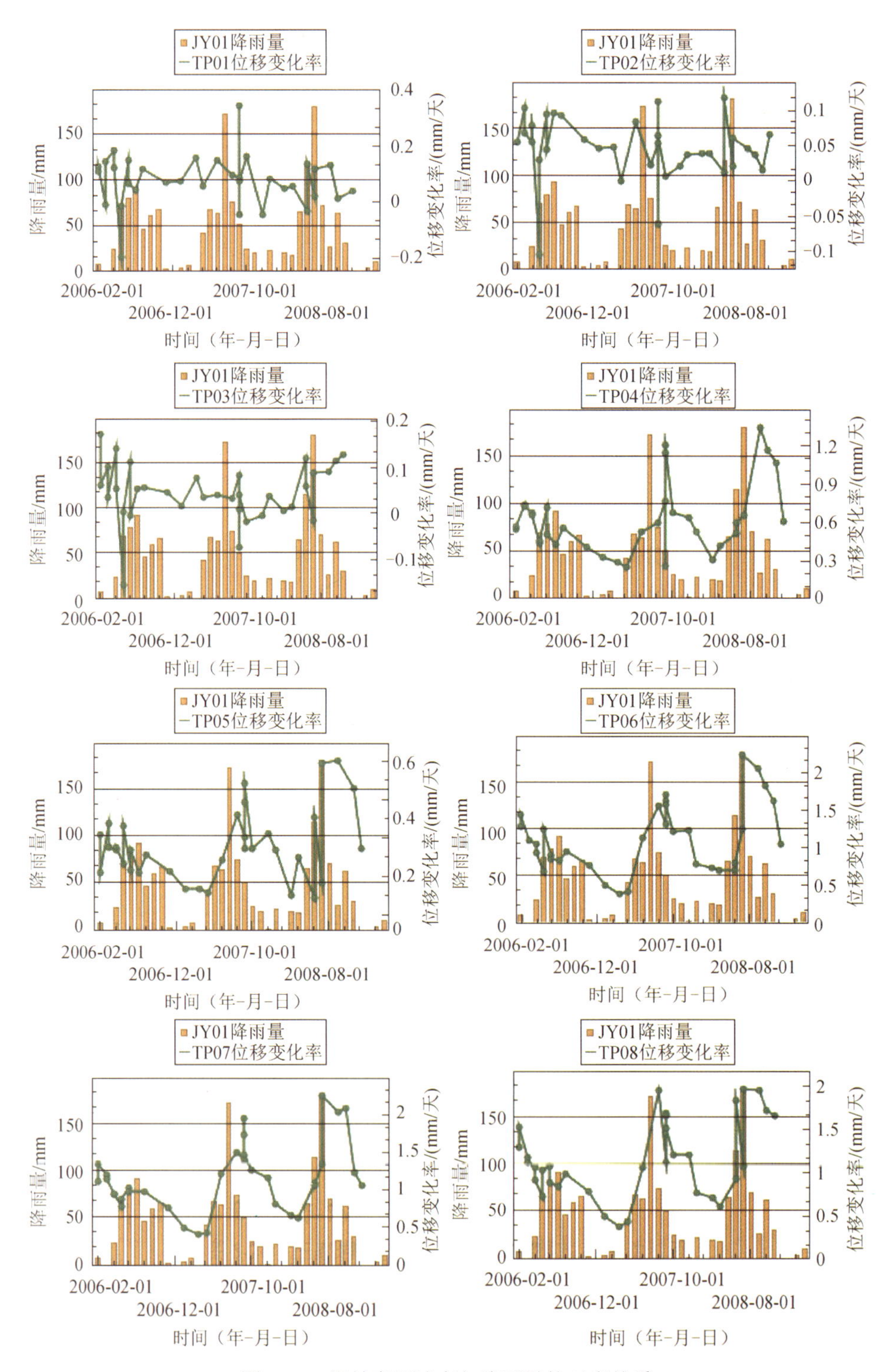

图 4-24　滑坡变形速率与降雨量的对应关系

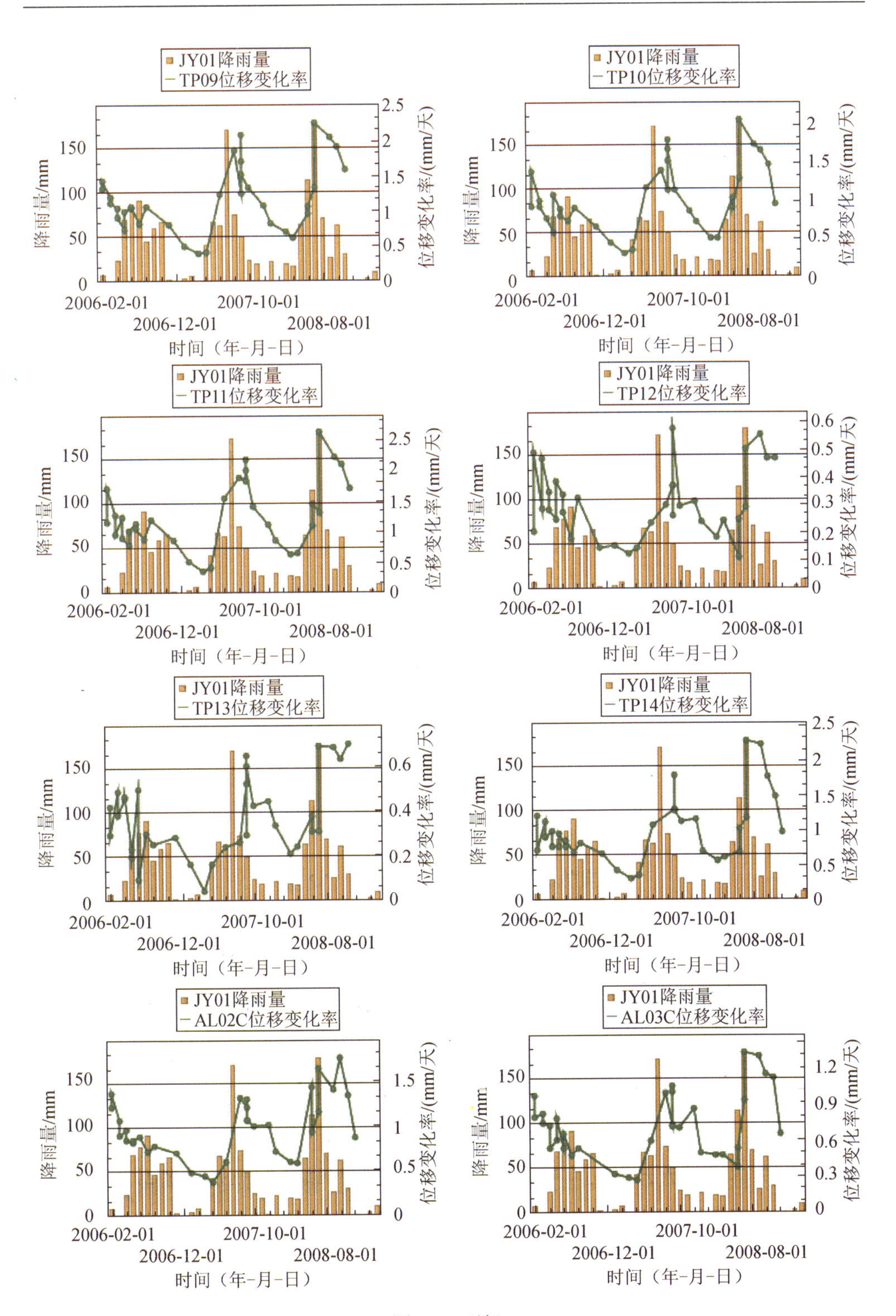
JY01降雨量
TP09位移变化率
JY01降雨量
TP10位移变化率
JY01降雨量
TP11位移变化率
JY01降雨量
TP12位移变化率
JY01降雨量
TP13位移变化率
JY01降雨量
TP14位移变化率
JY01降雨量
AL02C位移变化率
JY01降雨量
AL03C位移变化率
降雨量/mm
位移变化率/(mm/天)
时间（年-月-日）
2006-02-01
2006-12-01
2007-10-01
2008-08-01

图4-24（续）

此外，该区上部的白云岩块石层属于强透水层，中部的千枚岩碎屑土层中上部较疏松，为中透水，千枚岩碎屑土的底部受后期蠕滑变形的作用而形成超固结土，结构密实，为微透水层。地下水主要集中在千枚岩碎屑土层上部和白云岩块石层中下部一带，并富集于北侧古冲沟中。在滑坡前缘有两个泉水点，总流量为160 L/min（约230 m^3/天），这两个泉水点流量稳定。该区的变形与降雨呈正相关关系，且地下水位随降雨呈周期性变化，充分表明了地下水的活动是影响该区变形的主要因素之一。

综合上述分析，可以得到如下结论。

（1）某滑坡Ⅱ区的地表位移是从前缘到后缘呈逐渐减小的趋势，即“松脱式”变形特征明显；变形在上部是沿着基覆面蠕滑，而在中下部及前缘一带则是沿着千枚岩碎屑土层下部蠕滑，以整体蠕滑为主；该区变形与降雨的关联性较高，受降雨影响较大。

（2）根据基于位移突变点 a、b 的滑坡稳定性阶段判据，某滑坡Ⅱ区在此监测时段内，突变点 a 已经出现但未被监测到，突变点 b 还未到来，故该区变形处于突变点 a、b 之间，该区处于破坏阶段，内部已经形成贯通的塑性区，滑体沿着滑动面以蠕滑为主。

（3）通过对该实例滑坡的分析，表明在滑坡实例分析中，突变点 a 极有可能会因为监测不及时而错过，但只要监测时间足够长，突变点 b 一定会出现。

第5章　基于GIS与SPH方法的滑坡运动模拟

滑坡运动过程以及影响范围的研究具有不可实验性，且一旦发生灾害将造成很多不可挽回的损失，因此借助计算机辅助技术、数值方法模型进行运动特征的分析、影响范围的预测就显得尤为重要，高效、高精度数值方法与合适的滑坡运动模型是实现这一目标的关键。

由于网格方法的局限性，如网格不易构造、大变形问题中易发生网格畸变扭曲等，传统滑坡分析中使用的网格方法，如有限元方法（FEM）、快速拉格朗日分析（FLAC），在滑坡运动模拟分析的问题中并不适用，无网格方法是处理此类问题的一种新思路。在岩土工程应用较多的无网格方法中，离散单元（DEM）法适合处理大变形的问题，但计算十分耗时，且计算中参数的取值不易确定；无网格伽辽金（EFG）法等的适用性也存在一定的缺陷，即非物理参数不易确定，难以直接描述岩土体的应力-应变关系。作为发展最成熟的无网格方法，其光滑粒子流体动力学（SPH）方法拥有无网格、粒子和拉格朗日的特性，非常适合模拟洪水、河流运动、孔隙裂隙流、渗透流、土体流动及泥石流等运动特征，并在此类研究中取得了很多可喜的成果。

SPH方法适合模拟流动型滑坡在运动过程中表现出的运动特征，为确定灾害影响范围和评价灾害危险度提供了参考。然而同时，SPH方法也面临着精度与稳定性敏感等问题。近年来，SPH方法的精度与稳定性逐步得到提高，但针对滑坡的SPH模型仍然很少，且绝大部分是二维模型，三维模型十分少见，因此无法表达真实滑坡的状态与应力情况。另外，滑坡的滑动发生在复杂而不规则的地形环境中，SPH方法在该领域的应用受到了限制，这些困难与挑战表现在复杂地形条件的表达、流动界面不易确定导致了边界条件不易确定、边界条件数值技术上的不易处理、SPH模型的精确性不够等。因此，克服上述研究难题，并针对土质滑坡建立起三维SPH运动模型具有重要的意义。

5.1　SPH方法阐述

5.1.1　SPH方法的基本思想

SPH方法是一种纯拉格朗日无网格粒子方法。它最初由Lucy、Gingold和Monaghan等提出，用于解决三维开放空间的天体物理学问题。如今SPH方法已经广泛应用在流体与固体工程研究的领域中。

SPH 方法是针对解决流体动力学问题而提出的，而流体动力学则为求解基于密度、速度、能量等变量场的偏微分方程组。除了一些简单问题可以得到偏微分方程组的解析解以外，大部分的流体动力学问题只能寻求其数值解。所以，SPH 的基本思想可以包括以下几种。

（1）使用没有连接的、任意分布的粒子表示整个问题域。

（2）场函数用积分表示法来近似表达。

（3）应用相邻粒子对应的值叠加求和取代场函数的积分表达式来对场函数进行粒子近似。

（4）将粒子近似法应用于所有偏微分方程组的场函数相关项中，对偏微分方程组进行离散。

（5）粒子被附上质量意味着这些粒子是真实的，具有材料特性的粒子最后应用显式积分法得到所有粒子的场变量随时间的变化值。

从上述可知，SPH 方法是一种纯拉格朗日的具有无网格、自适应属性的流体动力学求解方法。

5.1.2 SPH 方法的基本公式

SPH 方程的构造方法包含两个关键步骤：一是函数的光滑（smoothed approximation）近似逼近，即宏观变量的函数用积分形式表示；二是质点的近似逼近（particle approximation），即使用影响半径内逼近质点的运动特征求和平均近似代替参考质点运动信息的方法。

1. 函数的光滑近似逼近

SPH 方法的思想源于积分插值。在 SPH 方法中，连续变量场中任意宏观变量函数，如密度、压强、温度等，可以用一个函数 $f(x)$ 表示，该函数 $f(x)$ 又可写成一个积分表示式，即

$$f(x)=\int_{\Omega} f(x')\delta(x-x')\mathrm{d}x' \tag{5-1}$$

式中：f 为三维坐标向量 x 的函数；$\delta(x-x')$ 是狄拉克 δ 函数，有如下性质为

$$\delta(x-x')=\begin{cases}1 & x=x' \\ 0 & x\neq x'\end{cases} \tag{5-2}$$

若使用光滑函数 $W(x-x',h)$ 表示核函数 $\delta(x-x')$，则函数 $f(x)$ 的积分表示式可写为下列核近似为

$$f(x)\approx\int_{\Omega} f(x')W(x-x',h)\mathrm{d}x \tag{5-3}$$

式中：h 为定义光滑函数 W 影响范围的光滑长度。由于光滑函数 $W(x-x',h)$ 并不是核函数 $\delta(x-x')$，式（5-3）只是近似式。使用 $\langle f(x)\rangle$ 表示核近似算子，式（5-3）

可写为

$$\langle f(x)\rangle \approx \int_{\Omega} f(x')W(x-x',h)\mathrm{d}x \tag{5-4}$$

式中：Ω 为 x 的积分区间；光滑函数 W 又被称为插值核函数（interpolation kernel function）。光滑函数在 SPH 近似法中起着重要的作用，它决定了函数表达式的精度和计算效率。常用的光滑函数有高斯核函数、三次样条核函数、B 样条核函数、四次样条函数等。光滑函数 $W(x-x',h)$ 通常选用偶函数，其应满足下述三个条件。

第一个条件为正则化条件为

$$\int_{\Omega} W(x-x',h)\mathrm{d}x' = 1 \tag{5-5}$$

第二个条件为当光滑长度趋向于零时具有狄拉克函数性质为

$$\lim_{h\to 0} W(x-x',h) = \delta(x-x') \tag{5-6}$$

第三个条件为紧支性条件为

$$W(x-x',h) = 0\text{，当} |x-x'| > kh \tag{5-7}$$

式中：k 为与 x 点处光滑函数相关的常数，并确定光滑函数的有效范围（非零），这个有效范围称作点 x 处光滑函数的支持域。应用紧支性条件可将整个问题域内的积分转换为在光滑函数的支持域内的积分。

上述过程即为 SPH 的核函数逼近，式（5-4）可写为 SPH 框架中任意函数的标准表达式为

$$\langle f(x)\rangle = f'(x)\int_{\Omega} W(x-x',h)\mathrm{d}x' \tag{5-8}$$

式中：$\langle f(x)\rangle$ 为函数 $f(x)$ 的核函数逼近。

SPH 中核函数逼近的误差可用函数在 x 处的泰勒级数展开来估算，应用式（5-4）可得

$$\begin{aligned}\langle f(x)\rangle &= \int_{\Omega}\left[f(x)+f'(x)(x'-x)+r(x'-x)^2\right]\times W(x-x',h)\mathrm{d}x' \\ &= f(x)\int_{\Omega} W(x-x',h)\mathrm{d}x' + f'(x)\int_{\Omega}(x-x')W(x-x',h)\mathrm{d}x' + r(h^2)\end{aligned} \tag{5-9}$$

式中：r 为残余值。因 W 是与 x 相关的偶函数，则 $(x-x')W(x-x',h)$ 为奇函数，有

$$\int_{\Omega}(x-x')W(x-x',h)\mathrm{d}x' = 0 \tag{5-10}$$

将式（5-5）和式（5-10）代入，则式（5-9）可写为

$$\langle f(x)\rangle = f(x) + r(h^2) \tag{5-11}$$

可见，SPH 方法中函数的数值积分法和核近似法是二阶精确的。若光滑函数不是偶函数，或者不满足归一化条件，则核近似法不一定是二阶精确的。

同理于上述推导，使用 $\nabla f(x)$ 代替 $f(x)$，则式（5-4）可写为

$$\langle \nabla \cdot f(x) \rangle = \int_{\Omega} [\nabla \cdot f(x')] f(x') W(x - x', h) \mathrm{d}x' \tag{5-12}$$

应用散度定律进行变换，式（5-12）可得

$$\langle \nabla \cdot f(x) \rangle = \int_{\Omega} [\nabla \cdot f(x') W(x - x', h)] \, \mathrm{d}x' - \int_{\Omega} f(x') \cdot \nabla W(x - x', h) \, \mathrm{d}x' \tag{5-13}$$

将式（5-13）等号右侧第一项应用散度定律将体积域 Ω 上的积分转换为面积域 S 上的积分，则式（5-13）可以写为

$$\langle \nabla \cdot f(x) \rangle = \int_{S} f(x') W(x - x', h) \cdot \boldsymbol{n} \mathrm{d}S - \int_{S} f(x') \cdot \nabla W(x - x', h) \, \mathrm{d}x' \tag{5-14}$$

式中：$\boldsymbol{n}$ 为面积域 S 上的法向量。

2. 质点的近似逼近

SPH 方法中，系统状态是通过有限个具有独立质量和独立空间的粒子表示的。函数积分近似表达式可转化为支持域内所有粒子叠加求和的离散化形式，如图 5-1 所示。粒子叠加求和相对应的离散化过程通常称为质点的近似逼近，或者粒子近似法。若使用粒子的体积 ΔV_j 代替粒子 j 处的无穷小体积元 $\mathrm{d}x'$，则粒子的质量可以表示为

$$m_j = \Delta V_{j\rho j} \tag{5-15}$$

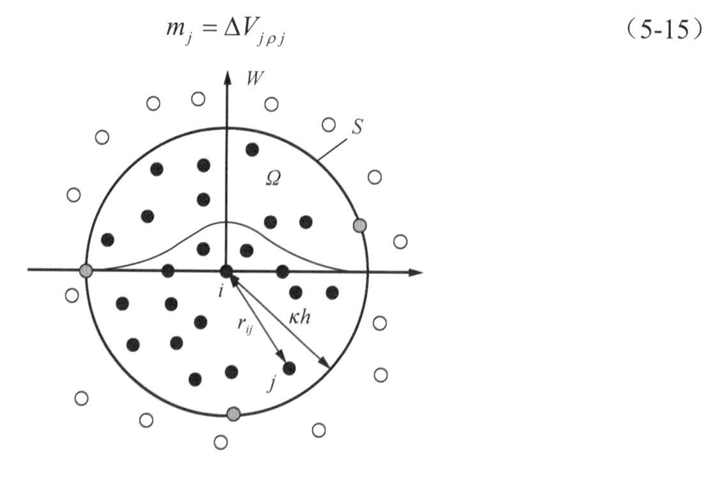

图 5-1　粒子 i 的支持域

经过离散化，$f(x)$ 的 SPH 连续积分表示式可以写成如下的粒子近似式为

$$\begin{aligned} f(x) &= \int_{\Omega} f(x') W(x - x') \mathrm{d}x' \\ &\approx \sum_{j=1}^{N} f(x_j) W(x - x_j, h) \\ &= \sum_{j=1}^{N} f(x_j) W(x - x_j, h) \frac{1}{\rho_j} (\rho_j \Delta V_j) \end{aligned}$$

$$=\sum_{j=1}^{N} f(x_j)W(x-x_j,h)\frac{1}{\rho_j}m_j \tag{5-16}$$

或写成

$$\langle f(x)\rangle=\sum_{j=1}^{N}\frac{m_j}{\rho_j}f(x_j)W(x-x_j,h) \tag{5-17}$$

最终，质点的近似逼近可写为

$$\langle f(x)\rangle=\sum_{j=1}^{N}\frac{m_j}{\rho_j}f(x_j)\cdot W_{ij} \tag{5-18}$$

其中

$$W_{ij}=W(x_i-x_j,h) \tag{5-19}$$

同理推导，函数导数的粒子近似式可写为

$$\langle\nabla\cdot f(x_i)\rangle=-\sum_{j=1}^{N}\frac{m_j}{\rho_j}f(x_j)\cdot\nabla_i W_{ij} \tag{5-20}$$

其中

$$\nabla_i W_{ij}=\frac{x_i-x_j}{r_{ij}}\cdot\frac{\partial W_{xj}}{\partial r_{ij}}=\frac{x_{ij}}{r_{ij}}\cdot\frac{\partial W_{ij}}{\partial r_{ij}} \tag{5-21}$$

式中：i 和 j 为粒子编号；m_j 和 ρ_j 分别为粒子的质量和密度；N 为粒子总数。式（5-17）说明粒子 i 处的任一函数值可通过应用光滑函数对其紧支域内所有粒子相应的函数值进行加权平均近似。可知，粒子近似法将函数及其导数的积分表示式转换成任意排列的粒子的离散化求和，这使得 SPH 方法的数值积分不必使用背景网格，是 SPH 方法中关键的一步。

5.1.3　光滑函数

SPH 方法通过使用光滑函数引进函数的近似逼近，光滑函数决定了函数近似式的形式、粒子支持域的尺寸，以及函数近似逼近和质点近似逼近的一致性与精度，所以其在 SPH 方法中十分重要。常用的光滑函数有三种，分别是高斯型光滑函数、三次样条光滑函数和高次样条函数。

1. 高斯型光滑函数（图 5-2）

Gingold 和 Monaghan 最早使用了以下高斯型光滑函数来模拟非球形星体。高斯型光滑函数可以写为

$$W(R,h)=\alpha_{\mathrm{d}}\mathrm{e}^{-R^2} \tag{5-22}$$

式中：α_d 在一维空间中为$\dfrac{1}{\pi^{1/2}h}$在二维空间中为$\dfrac{1}{\pi h^2}$，在三维空间中为$\dfrac{1}{\pi^{3/2}h^3}$。高斯型光滑函数是充分光滑的，且很稳定且精度很高，特别是对于不规则粒子分布的情况。虽然它不是真正严密的（理论上不为零，除非 R 趋向于无穷大），但是它在数值上趋于零的速度很快，故实际上是紧密的。此外，高斯型光滑函数计算量要求很大，尤其是对光滑函数的高阶导数，因为支持域越大，域中用于粒子近似的粒子也越多，导致运算时间较长。

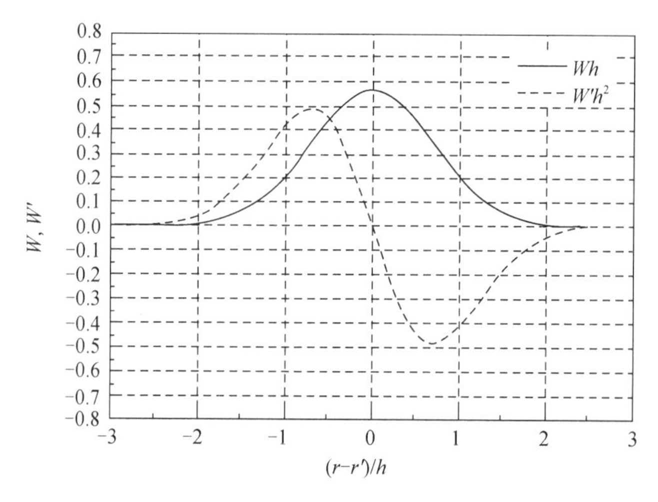

图 5-2　高斯型核函数及其导数

2. 三次样条光滑函数

三次样条光滑函数又称 B 样条光滑函数。由 Monaghan 和 Lattanzio 于 1985 年提出，函数表达式为

$$W(R,h)=\alpha_d\times\begin{cases}\dfrac{2}{3}-R^2+\dfrac{1}{2}R^3 & 0\leqslant R<1\\ \dfrac{1}{6}(2-R)^3 & 1\leqslant R<2\\ 0 & R\geqslant 2\end{cases} \tag{5-23}$$

式中：α_d 在一维空间中为$\dfrac{1}{h}$，在二维空间中为$\dfrac{15}{7\pi h^2}$，在三维空间中为$\dfrac{3}{2\pi h^3}$。由于狭窄紧支域中三次样条光滑函数与高斯型光滑函数相似，目前文献中三次样条光滑函数是应用最广泛的光滑函数。然而，三次样条光滑函数的二阶导数是分段线性函数，其稳定性比光滑的核函数差（图 5-3）。

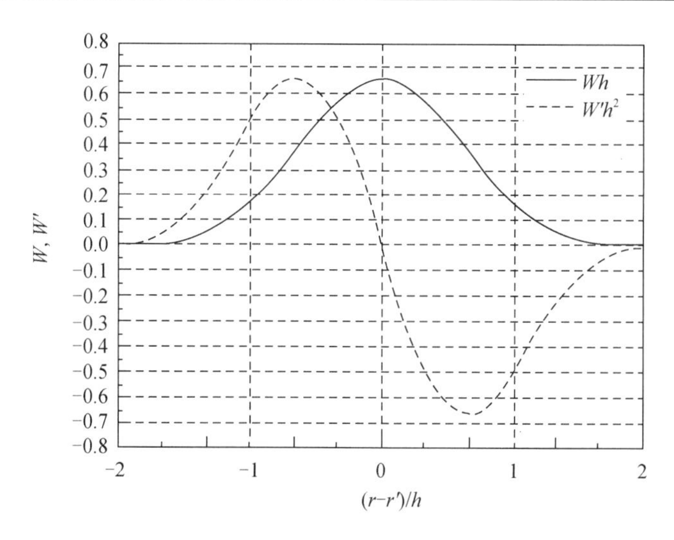

图 5-3　三次样条核函数及其导数

3. 高次样条函数（图 5-4）

三次样条光滑函数之后，Morris 提出了更稳定、更近似高斯型光滑函数的高次样条函数，包括四次样条函数和五次样条函数。

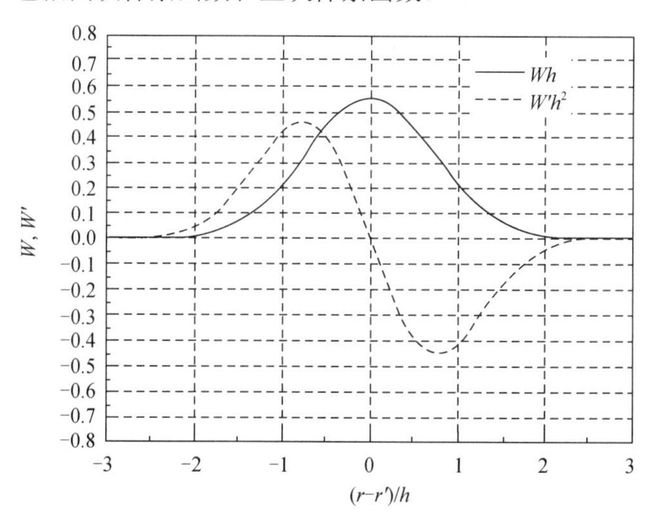

图 5-4　五次样条核函数及其导数

四次样条函数为

$$W(R,h)=\alpha_{\mathrm{d}}\times\begin{cases}(R+2.5)^4-5(R+1.5)^4+10(R+0.5)^4 & 0\leqslant R<0.5\\(2.5-R)^4-5(1.5-R)^4 & 0.5\leqslant R<1.5\\(2.5-R)^4 & 1.5\leqslant R<2.5\\0 & R\geqslant 2.5\end{cases}\tag{5-24}$$

式中：α_d 在一维空间的取值为 $\frac{1}{24h}$。

五次样条函数为

$$W(R,h)=\alpha_{\mathrm{d}}\times\begin{cases}(3-R)^5-6(2-R)^5+15(1-R)^5 & 0\leqslant R<1\\(3-R)^5-6(2-R)^5 & 1\leqslant R<2\\(3-R)^5 & 2\leqslant R<3\\0 & R\geqslant 3\end{cases}\tag{5-25}$$

式中：α_d 在一维空间中为 $\frac{120}{h}$，在二维空间中为 $\frac{7}{478\pi h^2}$，在三维空间中为 $\frac{3}{359\pi h^3}$。

光滑长度 h 的取值在 SPH 方法中非常重要，决定了计算的实用性、有效性和可靠的适应性。光滑长度直接影响到计算结果的效率和结果的精度。h 若太小，则支持域内没有足够的粒子对所求粒子施加影响，导致计算结果精度较低。h 若太大，过多的粒子对所求粒子产生影响，同样会影响到结果的精度。所以，光滑长度 h 的取值与所研究的问题相关。

关于 SPH 方法中光滑函数的构造与性质，更多内容可参考相关著作。

5.2　流体动力学控制方程的 SPH 求解

本节将介绍研究中所用到的流体动力学本构模型的控制方程，推导由不可压 Navier-Stokes 方程为控制方程的 SPH 算法公式。

5.2.1　拉格朗日形式的控制方程

流体动力学控制方程是基于质量守恒、动量守恒和能量守恒三个基本定理导出的。对控制方程的描述有两种形式，即欧拉描述法和拉格朗日描述法。拉格朗日描述下的流体控制方程可以写成一系列偏微分方程。

1. 连续性方程

连续性方程是基于质量守恒定理得出的，对于一个拉格朗日无限小的流体单元，假设体积为 ∂V，在控制体内的质量为

$$\partial m=\rho\partial V\tag{5-26}$$

式中：m 为质量；ρ 为密度。在拉格朗日流体单元中质量是守恒的，质量随时间的变化为零，有

$$\frac{D(\partial m)}{Dt}=\frac{D(\rho\partial v)}{Dt}=\partial V\frac{D\rho}{Dt}+\rho\frac{D(\partial V)}{Dt}=0 \tag{5-27}$$

式（5-27）又可写成

$$\frac{D\rho}{Dt}+\rho\frac{1}{\partial V}\frac{D(\partial V)}{Dt}=0 \tag{5-28}$$

由流体动力学原理，对于拉格朗日控制体，无限小流体单元体积随时间的变化率为

$$\frac{D(\partial V)}{Dt}=\nabla\cdot\boldsymbol{V}\partial V \tag{5-29}$$

速度的散度为

$$\nabla\cdot\boldsymbol{V}=\frac{1}{\partial V}\frac{\Delta(\partial V)}{\Delta t} \tag{5-30}$$

由式（5-30）代入式（5-28）得到拉格朗日形式连续性方程为

$$\frac{D\rho}{Dt}+\rho\Delta\cdot\boldsymbol{V}=0 \tag{5-31}$$

2. 动量方程

连续性方程是基于动量守恒定理得出的。根据牛顿第二定理，在拉格朗日流体单元上的作用力等于流体单元的质量乘以流体单元的加速度。如图 5-5 所示，根据六面体流体单元上作用力的分析，位置向量 $\boldsymbol{X}=(x,y,z)$ 的微元体的三个加速度为 $\frac{DVx}{Dt}$、$\frac{DVy}{Dt}$、$\frac{DVz}{Dt}$，微元体单位上的作用力包括体积力和表面力。

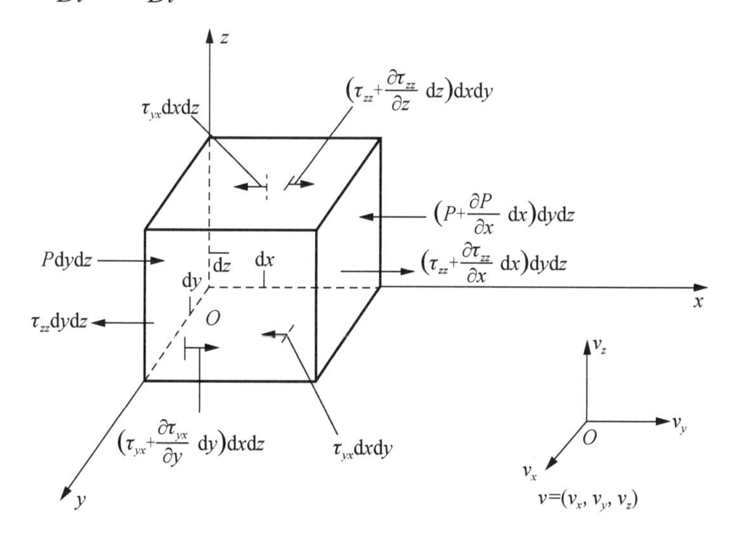

图 5-5　六面体流体单元上作用力示意图

经过推导（详细的推导可参见相关著作），则在 x、y、z 方向上的动量方

程为

$$\begin{cases} \rho \dfrac{DV_x}{Dt} = -\dfrac{\partial p}{\partial x} + \dfrac{\partial \tau_{xx}}{\partial x} + \dfrac{\partial \tau_{yx}}{\partial y} + \dfrac{\partial \tau_{zx}}{\partial z} + \rho F_x \\ \rho \dfrac{DV_y}{Dt} = -\dfrac{\partial p}{\partial x} + \dfrac{\partial \tau_{xx}}{\partial x} + \dfrac{\partial \tau_{yy}}{\partial y} + \dfrac{\partial \tau_{zy}}{\partial z} + \rho F_y \\ \rho \dfrac{DV_z}{Dt} = -\dfrac{\partial p}{\partial x} + \dfrac{\partial \tau_{xz}}{\partial x} + \dfrac{\partial \tau_{yz}}{\partial y} + \dfrac{\partial \tau_{zz}}{\partial z} + \rho F_z \end{cases} \tag{5-32}$$

3. 能量方程

能量方程是基于能量守恒定理得出的。根据能量守恒定理，在流体微元内能量的变化率等于流体单元热量通量和作用在流体单元上的体积力和表面力所做功的总和随时间的变化。忽略热通量和体积力，内能变化率包括由压力做功所产生的能量和由黏性剪切力做功所耗散的能量，可以写为

$$\begin{aligned} \frac{\partial e}{\partial t} = & -\frac{P}{\rho}\left(\frac{\partial V_x}{\partial x} + \frac{\partial V_y}{\partial y} + \frac{\partial V_z}{\partial z}\right) + \tau_{xx}\frac{\partial V_x}{\partial x} + \tau_{yz}\frac{\partial V_x}{\partial y} + \tau_{zx}\frac{\partial V_x}{\partial z} \\ & + \tau_{xy}\frac{\partial V_y}{\partial x} + \tau_{yy}\frac{\partial V_y}{\partial y} + \tau_{zy}\frac{\partial V_y}{\partial z} + \tau_{xz}\frac{\partial V_z}{\partial x} + \tau_{yz}\frac{\partial V_z}{\partial y} + \tau_{zz}\frac{\partial V_z}{\partial z} \end{aligned} \tag{5-33}$$

5.2.2 Navier-Stokes 方程的 SPH 算法公式

根据上节推导的流体控制方程，如果用上标 α 和 β 表示坐标方向，Navier-Stokes 方程采用拉格朗日描述下全时间导数形式，Navier-Stokes 方程组可以表示为

连续性方程：

$$\frac{D\rho}{Dt} = -\rho\frac{\partial \upsilon^{\beta}}{\partial x^{\beta}} \tag{5-34}$$

动量方程：

$$\frac{D\upsilon}{Dt} = -\frac{1}{\rho}\frac{\partial \boldsymbol{\sigma}^{\partial\beta}}{\partial x^{\beta}} + F \tag{5-35}$$

能量方程：

$$\frac{Dc}{Dt} = -\frac{\sigma^{\partial\beta}}{\rho}\frac{\partial \boldsymbol{\sigma}^{\partial}}{\partial x^{\beta}} \tag{5-36}$$

式中：ρ 为密度；υ^{β} 为速度分量；F 为外力，如重力；e 为内部能量；$\boldsymbol{\sigma}$ 为全应力张量；x^{β} 为空间坐标；t 为时间。空间坐标 x^{β} 和时间 t 是独立变量。全应力张量 $\boldsymbol{\sigma}$ 由各向相等的静水压力 p 和黏性应力 τ 组成，用下式表示为

$$\boldsymbol{\sigma}^{\alpha\beta} = -p\delta^{\alpha\beta} + \tau^{\alpha\beta} \tag{5-37}$$

对于牛顿流体，黏性应力 $\tau^{\alpha\beta}$ 与剪应变率 $\dot{\varepsilon}^{\alpha\beta}$ 成正比，有

$$\tau^{\alpha\beta} = \mu\dot{\varepsilon}^{\alpha\beta} \tag{5-38}$$

式中：μ 为动态黏性系数。$\dot{\varepsilon}^{\alpha\beta}$ 可由下式计算得到

$$\dot{\varepsilon}^{\alpha\beta} = \frac{\partial \upsilon^{\beta}}{\partial x^{\alpha}} + \frac{\partial \upsilon^{\alpha}}{\partial x^{\beta}} - \frac{2}{3}(\nabla \cdot \upsilon)\delta^{\alpha\beta} \tag{5-39}$$

根据 SPH 光滑函数的思想，应用所述 SPH 函数的光滑逼近与质点的近似逼近（粒子近似方法）到 Navier-Stokes 方程组中。

1. 连续性方程的粒子近似

使用 SPH 近似法的概念对连续性方程式（5-34）进行转换，得到

$$\frac{D\rho_i}{Dt} = \sum_{j=1}^{N} m_j \upsilon_{ij}^{\beta} \cdot \frac{\partial W_{ij}}{\partial x_i^{\beta}} \tag{5-40}$$

由式（5-40）可知，粒子 i 密度变化率与其支持域内的粒子的相对速度有关。其中，光滑函数的梯度决定了这些相对速度对密度变化率的影响程度。连续性密度法不需要遵循质量守恒定律，更适用于具有强间断问题的模拟（如爆炸、高速冲击等）。

另一种密度近似的方法是密度求和法。若运用密度求和法对问题域中任一粒子 i，则其密度可以写为

$$\rho_i = \sum_{j=1}^{N} m_j W_{ij} \tag{5-41}$$

式中：N 为任一粒子 i 支持域中的粒子数；m_j 为粒子的质量；W_{ij} 为粒子 j 对粒子 i 产生影响的光滑函数。由于密度求和法在整个问题域内积分的做法是严格遵循质量守恒定律的，当粒子位于问题域边界上或者处于不同材料的交界边界时，相关联的边界粒子密度会被认为是零，从而造成计算结果不准确。这种密度求和法的缺陷被称为边缘效应，且密度求和法所需计算量较大，计算效率较低。然而，在实际应用中密度求和法得到了广泛的应用，因为其体现了 SPH 近似法的本质。一些学者提出了不少提供该种方法精度的修正方案，本书不再详细介绍。

2. 动量方程的粒子近似

根据 SPH 质点近似逼近方法式（5-18），式（5-35）可以写为

$$\frac{D\upsilon_i^{\alpha}}{Dt} = -\sum_{j=1}^{N} m_j \left(\frac{\sigma_i^{\alpha\beta} + \sigma_j^{\alpha\beta}}{\rho_i \rho_j} \right) \frac{\partial W_{ij}}{\partial x_i^{\beta}} + F_i \tag{5-42}$$

也可写为

$$\frac{D\upsilon_i^{\alpha}}{Dt} = -\sum_{j=1}^{N} m_j \left(\frac{\sigma_i^{\alpha\beta}}{\rho_i^2} + \frac{\sigma_j^{\alpha\beta}}{\rho_j^2} \right) \frac{\partial W_{ij}}{\partial x_i^{\beta}} + F_i \tag{5-43}$$

上述两种表达式的共同特点是轴对称的方程式减小了来自张量不稳定的误差，它们都得到了广泛的使用。

3. 能量方程的粒子近似

将式（5-36）代入式（5-18）可以得到能量方程的 SPH 粒子近似表示式为

$$\frac{De_i}{Dt}=-\frac{1}{2}\sum_{j=1}^{N}m_j\left(\frac{\rho_i}{\rho_i^2}+\frac{\sigma_j}{\rho_j^2}\right)\upsilon_{ij}^{\beta}\frac{\partial W_{ij}}{\partial x_i^{\beta}}+\frac{\mu_i}{2\rho_i}\varepsilon_i^{\alpha\beta}\varepsilon_i^{\alpha\beta} \tag{5-44}$$

以及另一种表示式为

$$\frac{De_i}{Dt}=\frac{1}{2}\sum_{j=1}^{N}m_j\left(\frac{p_i+p_j}{\rho_i\rho_j}\right)\upsilon_{ij}^{\beta}\frac{\partial W_{ij}}{\partial x_i^{\beta}}+\frac{\mu_i}{2\rho_i}\varepsilon_i^{\alpha\beta}\varepsilon_i^{\alpha\beta} \tag{5-45}$$

值得注意的是，当运用不同的方程求解时，可能得到偏微分方程的其他不同形式的 SPH 表达式，在不同的应用问题中，这些不同形式的 SPH 表达拥有各自特殊的特征和优点。本章中运用的 SPH 控制方程式为

$$\begin{cases}\dfrac{D\rho_i}{Dt}=\sum\limits_{j=1}^{N}m_j\upsilon_{ij}^{\beta}\dfrac{\partial W_{ij}}{\partial x_i^{\beta}}\\[2ex]\dfrac{D\upsilon_i^{\alpha}}{Dt}=-\sum\limits_{j=1}^{N}m_j\left(\dfrac{\sigma_i^{\alpha\beta}}{\rho_i^2}+\dfrac{\sigma_j^{\alpha\beta}}{\rho_j^2}\right)\dfrac{\partial W_{ij}}{\partial x_i^{\beta}}+F_i\\[2ex]\dfrac{De_i}{Dt}=\dfrac{1}{2}\sum\limits_{j=1}^{N}m_j\left(\dfrac{p_i}{\rho_i^2}+\dfrac{p_j}{\rho_j^2}\right)\upsilon_{ij}^{\beta}\dfrac{\partial W_{ij}}{\partial x_i^{\beta}}+\dfrac{\mu_i}{2\rho_i}\varepsilon_i^{\alpha\beta}\varepsilon_i^{\alpha\beta}\end{cases} \tag{5-46}$$

其中

$$\upsilon_{ij}=\upsilon_i-\upsilon_j$$

5.3 改进的 SPH 方法

我们知道，传统的 SPH 方法的精度比较低，因为它不能准确地再现二次和线性函数的问题。此外，传统的 SPH 方法的准确性与粒子分布、光滑函数的选择和支持域是密切相关的。过去的 10 年中，许多学者尝试了不同的方法来改善 SPH 近似的精确度。书中采用了密度近似（密度校正）和核梯度修正（kernel gradient correction，KGC）来改善传统 SPH 方法的精度，该方法已被证明有助于提高自由表面黏性不可压缩流的计算精度。根据密度校正，密度可以近似为

$$\rho_i^{\text{new}}=\sum_{j=1}^{N}\rho_jW_{ij}^{\text{new}}\frac{m_j}{\rho_j}=\sum_{j=1}^{N}m_jW_{ij}^{\text{new}} \tag{5-47}$$

$$W_{ij}^{\text{new}} = \frac{W_{ij}}{\sum_{j=1}^{N} W_{ij} \cdot \frac{m_j}{\rho_j}} \tag{5-48}$$

对于核梯度校正，基于泰勒级数展开的函数的 SPH 近似，可得

$$\begin{aligned}\int_{\Omega} f(r')\nabla W \mathrm{d}r' &= f(r)\int_{\Omega} \nabla W \mathrm{d}r' + \frac{\partial f(r)}{\partial x}\int_{\Omega}(x'-x)\nabla W \mathrm{d}r' \\ &+ \frac{\partial f(r)}{\partial y}\int_{\Omega}(y'-y)\nabla W \mathrm{d}r' + \frac{\partial f(r)}{\partial z}\int_{\Omega}(z'-z)\nabla W \mathrm{d}r' + o(h^2)\end{aligned} \tag{5-49}$$

最后，经过各种等式转换后，式（5-49）可以进一步写为粒子近似形式的表示式为

$$\begin{aligned}\langle \nabla f(r_i)\rangle &= \frac{\partial f(r_i)}{\partial x_i}\sum_j (x_j - x_i)\nabla_i W_{ij} V_j + \frac{\partial f(r_i)}{\partial y_i}\sum_j (y_j - y_i)\nabla_i W_{ij} V_j \\ &+ \frac{\partial f(r_i)}{\partial z_i}\sum_j (z_j - z_i)\nabla_i W_{ij} V_j + o(h^2)\end{aligned} \tag{5-50}$$

式中：$V_j\left(=\frac{m_j}{\rho_j}\right)$是粒子 j 的体积。

根据式（5-50），如果 $X=\begin{pmatrix}1\\0\\0\end{pmatrix}$，$Y=\begin{pmatrix}0\\1\\0\end{pmatrix}$，$Z=\begin{pmatrix}0\\0\\1\end{pmatrix}$，那么该 SPH 粒子近似方法对于梯度是具有二阶精度的。然而，这三个要求在一般的情况下是不能同时满足的。因此，可以通过式（5-51）对核梯度进行校正为

$$\nabla_i^{\text{new}} W_{ij} = L(r_i)\nabla_i W_{ij} \tag{5-51}$$

其中

$$L(r_i) = \left[\sum_j \begin{bmatrix} x_{ji}\frac{\partial W_{ij}}{\partial x_i} & y_{ji}\frac{\partial W_{ij}}{\partial x_i} & z_{ji}\frac{\partial W_{ij}}{\partial x_i} \\ x_{ji}\frac{\partial W_{ij}}{\partial y_i} & y_{ji}\frac{\partial W_{ij}}{\partial y_i} & z_{ji}\frac{\partial W_{ij}}{\partial y_i} \\ x_{ji}\frac{\partial W_{ij}}{\partial z_i} & y_{ji}\frac{\partial W_{ij}}{\partial z_i} & z_{ji}\frac{\partial W_{ij}}{\partial z_i} \end{bmatrix} V_j\right]^{-1} \tag{5-52}$$

应该注意的是，对于这两个密度校正和梯度校正，因为只有核及其梯度进行了修正，没有必要改变 SPH 计算程序和模拟程序的结构，因此该方法的实现十分方便。本章的 SPH 模拟计算中使用了这样的改进方法。

5.4　基于宾汉流体本构的模型

根据不同的材料参数(μ, n, τ_y)与流体的力学行为，流体的五种基本类型可表示为

$$\tau = \mu\dot{\varepsilon}^n + \tau_y \tag{5-53}$$

式中：τ为剪切应力；μ为黏性系数；$\dot{\varepsilon}$为剪应变率；τ_y为屈服应力。式（5-53）表示的五种基本流体类型是牛顿流体（Newtonian fluid）、宾汉流体（Bingham fluid）、假塑性流体（pseudo-plastic fluid）、胀塑性流体（dilatant fluid）和理想流体（ideal fluid），如图 5-6 所示。

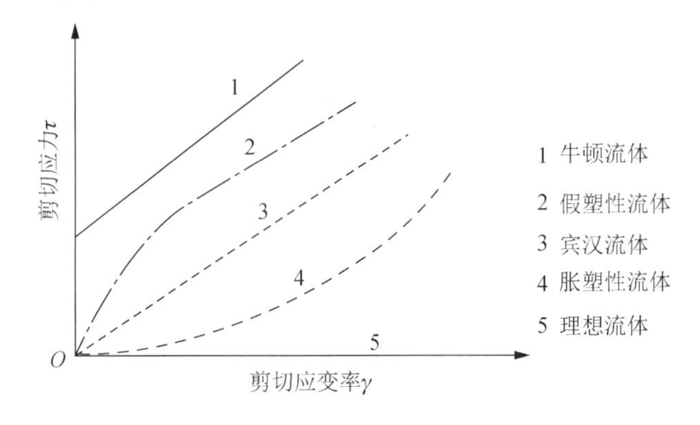

图 5-6　几种基本的流体类型

在上述五种基本的流体模型中，著名的牛顿流体可表示为

$$\tau = \mu\dot{\varepsilon} \tag{5-54}$$

根据 Hadush 等的研究，作为一种非牛顿流体，宾汉流体模型可以描述大变形岩土体剪应变率与剪切应力的关系。

对于宾汉流体模型，式（5-53）可以改写为

$$c = \mu\dot{\varepsilon} + \tau_y \tag{5-55}$$

式中：τ_y为屈服强度。在土力学中，若采用摩尔-库仑屈服准则来描述岩土体的屈服过程，可写成

$$\tau = c + p\tan\varphi \tag{5-56}$$

结合式（5-55）和式（5-56）可写成

$$\tau = \eta\dot{r} + c + p\tan\varphi \tag{5-57}$$

式中：c为岩土体的黏聚力；p为压力；φ为内摩擦角。

流体动力学中所定义的牛顿流体和宾汉流体的区别在于：牛顿流体中黏度系数是一个常数，不随剪应变率的变化而变化，而宾汉流体中的黏度系数随剪应变

率的变化而变化。1998 年 Uzuoka 等提出了等效牛顿流体黏性系数，将宾汉流体模型与牛顿流体模型建立关系。等效牛顿流体黏性系数定义为

$$\eta' = \eta + \frac{c + p\tan\varphi}{\dot{r}} \tag{5-58}$$

材料的剪切应变率通过下式计算为

$$\dot{r} = \sqrt{\frac{\dot{e}_{ij}\dot{e}_{ij}}{2}} \tag{5-59}$$

图 5-7 为等效牛顿流体黏性系数的定义。在使用宾汉流体模型模拟土质滑坡滑动的研究中，有一个基本假设：当剪应力 τ 小于屈服抗剪强度 τ_y 时，认为土体不发生变形，表现为刚体的特征；当剪应力 τ 大于屈服抗剪强度 τ_y 时，认为土体发生变形，表现为流体运动特征，且在大变形时剪应力的增长将与当时刻的剪切应变率的大小成比例。

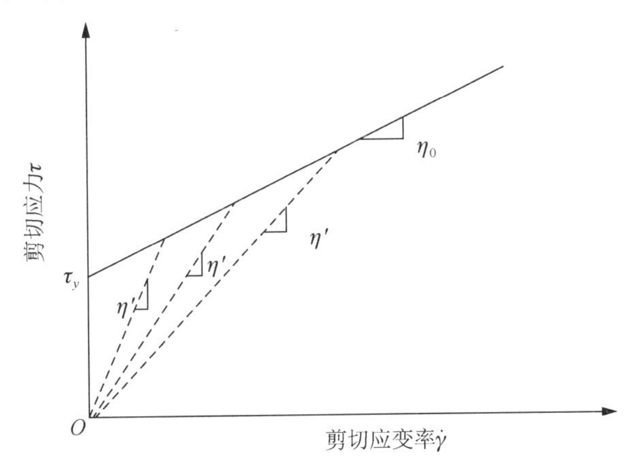

图 5-7　等效牛顿流体黏性系数的定义

τ_y 为屈服抗剪强度；η_0 为屈服后黏性系数；η' 为等效黏性系数

实线表示宾汉流体模型的剪应力-应变率关系；虚线是使用等效黏性系数的牛顿流体的宾汉模型表达

然而，在式（5-58）中，当土体的剪切应变率等于零时，等效牛顿流体黏性系数趋近于无穷大。为了克服这个问题，将等效牛顿流体黏性系数最大值定义为

$$\begin{cases} \eta' = \eta_0 + \dfrac{\tau_y}{\dot{r}} & \eta' < \eta_m \\ \eta' = \eta_m & \eta' \geqslant \eta_m \end{cases} \tag{5-60}$$

式中：η_m 为等效牛顿流体黏性系数最大值。可以看出，土体本质上是用牛顿流体模型进行描述的。当处于小剪应变率区域内（及剪切应力未达到屈服应力的水平时），土体具有较大的黏性系数。经过等效牛顿黏性系数概念，将宾汉姆流体模型运用到土体变形的模拟计算中，为本书的研究打下了基础。

由于上述模型已运用在一些大变形土体的分析中，其可行性与精度已经得到了验证，可以参见 Uzuoka 的著作，关于模型的验证，书中不再论述。按照上述的基于宾汉流体本构模型的 SPH 算法公式方法，书中采用 VisualFortran 语言进行编程计算实现。本章中 SPH 计算使用的代码是在 Liu 等提供的代码上修改实现的。本章讨论的主要是土质滑坡三维 SPH 运动模型的建立，以及验证该模型模拟三维滑坡运动过程的精度。

5.5 关键数值技术

本节将探讨基于上述宾汉流体模拟进行的SPH数值模拟程序实现中涉及的一些关键数值方法相关方面，或者称为数值技术方面，包括粒子搜索方法、边界条件的处理、时间积分等。

5.5.1 粒子搜索方法

在 SPH 方法中，对于某一个粒子，只有在其核函数光滑域内的那些粒子才会对其核函数做出贡献，通常这些粒子是给定粒子的最近相邻粒子（nearest neighboring particles）。在基于网格的数值方法中，每个节点的相邻节点都有清楚的定义，一旦网格生成，各节点的相邻关系是确定的，而在基于拉格朗日粒子的数值方法，如 SPH 方法，其粒子是运动的，质点的最近相邻粒子是随时间变化的，所以需要在每个时间步前搜索每个给定粒子的相邻粒子。上述过程在 SPH 程序总计算时间中所占的比例很大。

搜索每个粒子的相邻粒子最简单直接的方式是：计算每个粒子与整个计算域中除其以外其他粒子的距离，然后与该粒子的支持域半径相比较，如果粒子之间距离小于支持域半径即为该粒子的相邻粒子；反之，则不是该粒子的相邻粒子。上述粒子搜索方法的计算次数相当多，为 N^2 次方（其中 N 为计算域中粒子总数），因而该方法在计算中极其耗时，进而使这种最简单的粒子搜索方法应用受到较大的局限，通常只在一维计算或简单的二维计算中使用。

一种计算效率更高的粒子搜索方法在近几年中得到了很大的发展，这种方法称为 Linked List 方法。在这种方法中，首先将整个计算域划分成笛卡儿坐标系下的若干个假想网格，网格的尺寸与核支持域的尺寸相关，如图 5-8 所示。在每一个计算步后粒子的位置都得到了更新，在这些假想网格的参考系下，很容易确定在每一个假想网格中都有哪一些粒子和有多少粒子。因此，当考察某一个特定粒子的相邻粒子时，只需要搜索这个特定粒子所在的假想网格与这个假想网格的相邻假想网格（二维问题中为 9 个网格）中的粒子，如图 5-8 所示，而不是简单的粒子搜索方法中搜索整个计算域的粒子。该方法的应用大大减少了计算时间。

本节的 SPH 数值模拟程序中使用了这种方法进行最近相邻粒子搜索，取得了较好的计算效率。

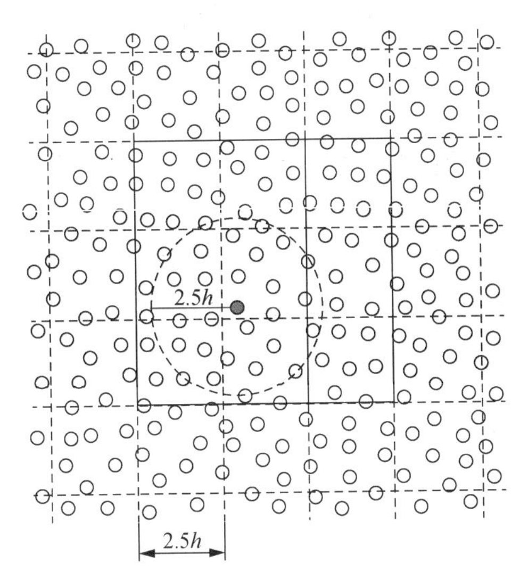

图 5-8　Linked List 方法中假想网格的划分

（图中网格尺寸为 2.5 倍光滑长度）

5.5.2　边界条件

固壁边界条件的处理一直是阻碍 SPH 发展的问题之一。边界条件处理是 SPH 计算中的一个重要挑战，很大程度地影响了 SPH 计算的准确性。在计算边界附近粒子的积分插值时，由于边界外的粒子缺失，在边界附近的粒子积分插值结果有误，无法得到正确的解。

尽管 SPH 已经发展了 40 年，仍然没有出现被广泛接受的通用的边界处理方法。许多学者提出了很多不同的方法，包括 Monaghan、Libersky、Petschek 等提出的方法。在以往的文献中比较常用的有三种处理方法，即边界力法、镜像边界法和耦合边界法。

在边界力法中，首先在边界上布置一系列的边界粒子，又称为虚粒子，然后假定边界粒子对靠近它的材料粒子（实粒子）施加一个大小适当的中心排斥力（边界力），从而使实粒子不能穿透边界。最常用的边界力模型是描述分子间相互作用的 Lennard-Jones 模型，可以表示为

$$f(\boldsymbol{r})=\begin{cases} D\dfrac{\boldsymbol{r}}{r^2}\left(\left(\dfrac{r_0}{r}\right)^{p_1}-\left(\dfrac{r_0}{r}\right)^{p_2}\right) & r\leqslant r_0 \\ 0 & r>r_0 \end{cases} \tag{5-61}$$

式中：D 为常数；r_0 为给定的边界粒子的作用范围；p_1 和 p_2 为常数，通常取 12 和 4 。边界力法的优点在于不受边界形状的影响，容易构建边界粒子；缺点在于易形成初始扰动，且排斥力的大小不易掌握。图 5-9 展示了排斥力边界力法的示意图。

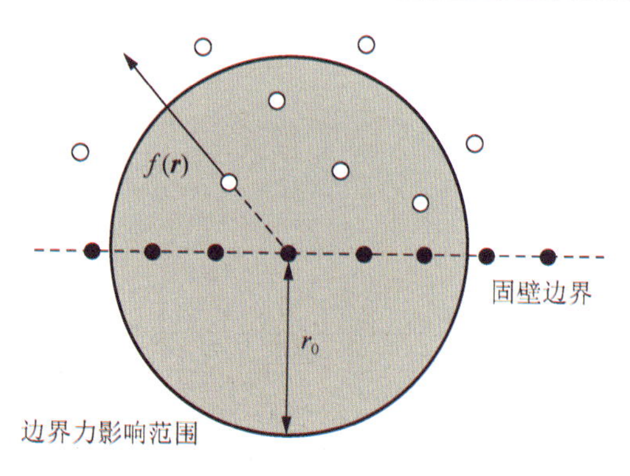

图 5-9　边界力法示意图

镜像边界法的原理是：在边界之外布置和实粒子以边界对称的虚粒子，这些虚粒子和实粒子拥有相同的密度、压力，若布置速度大小相同、方向相反的虚粒子，则称为无滑移边界；若布置速度大小在切向相同、法向相反的虚粒子，则称为无穿透边界。这种方法在每个计算时步都要生成一次虚粒子，优点是守恒性比较好，精度高；但是生成镜像粒子过于复杂且较大幅度增加计算时间。

关于镜像边界法，Morris 等在虚粒子边界条件研究的基础上，提出了速度无滑移边界条件（no-slip boundary），边界粒子的速度通过从实际粒子和边界粒子与边界距离的比值计算得到，如图 5-10 所示。

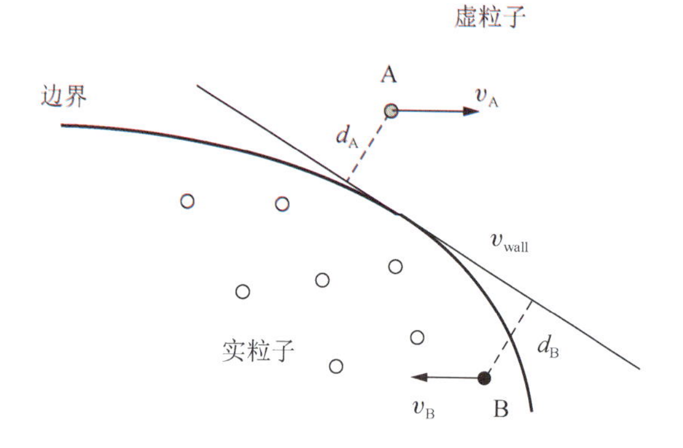

图 5-10　速度无滑移边界条件算法示意图

真实的边界与粒子之间的相对速度由下式计算为

$$v_{AB} - v_A - v_B = \beta(v_B \quad v_{wall}) \tag{5-62}$$

即

$$v_A = (1-\beta)v_B + \beta v_{wall} \tag{5-63}$$

其中

$$\beta = \min\left(\beta_{max}, 1.0 + \frac{d_B}{d_A}\right) \tag{5-64}$$

β_{max} 的意义在于：当实粒子太靠近固体边界时去除人工速度的极大值。根据 Morris 等的研究，模拟低雷诺数的平面剪切流时，取 $\beta_{max}=1.5$ 能获得较好的结果。

在本章的工作中，我们使用了一种耦合边界的处理方法。该方法用到了两种类型的虚粒子来构建边界，排斥力粒子和影子粒子。如图 5-11 所示，当实粒子靠近边界时，排斥粒子产生一个适当的排斥力，图中它们分布在边界的右侧，影子粒子分布在边界的外侧。

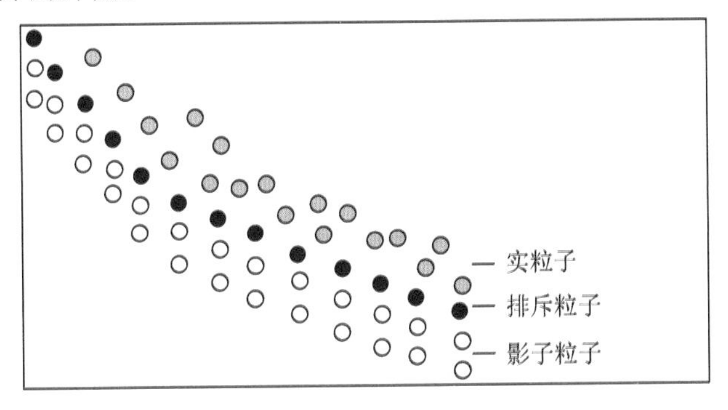

图 5-11　耦合边界法示意图

该方法中，在第一个时间步的时候，这些影子粒子就已规则或不规则地生成分布好了（如滑坡边界），因而在每一个时间步更新的时候，影子粒子的位置不需要再进行重新布置。该方法更多的细节可以参考 Liu 等的研究。该边界处理算法由两部分组成：一部分是排斥力的计算；另一部分是用一个新的数值方法来近似影子粒子的信息。排斥力由式（5-65）计算为

$$F_{ij}=0.01c^2\cdot\chi\cdot f(\eta)\cdot\frac{x_{ij}}{r_{ij}^2} \tag{5-65}$$

$$\eta=\frac{r_{ij}}{0.75h_{ij}},\ \chi=\frac{1-r_{ij}}{\Delta d},\quad 0<r_{ij}<\Delta d$$

其中

$$f(\eta)=\begin{cases}\dfrac{2}{3} & 0<\eta<\dfrac{2}{3}\\ 2\eta-1.5\eta^2 & \dfrac{2}{3}<\eta<1\\ 0.5(2-\eta)^2 & 1<\eta<2\\ 0 & \text{其他}\end{cases} \tag{5-66}$$

式中：r 为粒子间距；Δd 为两个相邻粒子的初始距离。该方法中使用的弱排斥力再无明显的压力扰动的情况下能够防止非物理粒子穿透，这不同于传统强排斥力模型算法，如 Lennard-Jones 模型。此外，在计算边界附近粒子的积分插值时，由于边界外的粒子缺失，在边界附近的粒子积分插值结果精度低，具有较高阶精度

SPH 粒子近似方法可以用于改进边界条件处理，如 Shepard 滤波方法、移动最小二乘法（MLS）、CSPM 和 FPM。在本章研究中采用了无滑移边界条件，此前的研究已证明，具有高阶精度的 SPH 粒子近似方法比传统的 SPH 粒子近似方法结果更好。边界粒子的属性变量可由式（5-67）和式（5-68）计算为

$$\rho_i^B = \sum_{j=1}^{N} \rho_j W_{ij}^{\text{new}} \frac{m_j}{\rho_j} = \sum_{j=1}^{N} m_j W_{ij}^{\text{new}} \tag{5-67}$$

$$\upsilon_i^B = -\sum_{j=1}^{N} \upsilon_i W_{ij}^{\text{new}} \frac{m_j}{\rho_j} \tag{5-68}$$

5.6 GIS 平台三维滑坡模型

GIS 对于与空间相关行业的科学研究是不可或缺的，近年来在岩土工程等领域中也越来越广泛地得到应用。滑坡及其稳定性、模拟等方面研究的信息都是呈空间分布的，因此 GIS 能作为一个理想的工具去处理这些空间信息。同时，GIS 还极具开放性和可拓展性。

5.6.1 GIS 信息化边坡模型

GIS（地理信息系统）起源于 20 世纪 60 年代，是随着信息时代的发展而产生的以采集、存储、描述、检索、分析和应用与空间位置有关的相应属性信息的计算机系统，它是集计算机学、地理学、测绘遥感学、环境科学、空间科学、信息科学、管理科学和现代通信技术为一体的一门新兴边缘学科。近年来，由于其强大的空间数据管理与分析能力，GIS 逐渐发展成为在诸多地理数据相关领域中一个不可或缺的工具。借助于该工具，许多与滑坡相关的对象，如地层、断层、地下水、滑动面和地面能够很容易地在 GIS 中表述或呈现。

地层、结构面和地下水位等边坡相关的信息在 GIS 中是通过 GIS 数据层来表示的，它们可以是栅格数据或矢量数据。矢量数据的三种基本形式是点、线、面，其相应的属性数据保存在数据库中。栅格数据是用均匀分割的栅格来表示的，一个栅格代表一个属性值，如高程等。对于一个边坡，可以用一组栅格数据集分别表示地面高程、各地层、不连续面、地下水及力学参数等。

对于一个实际边坡，首先将边坡相关的地形和地质信息抽象为 GIS 层。一般来说，以矢量数据形式表现的为多，如地面等高线、钻孔资料及滑面岩土力学参数分区等。在 GIS 中，输入数据（如地面标高、倾斜方向、倾斜角、地下水、地层面、滑动面及呈现空间分布的物理力学参数），利用空间分析功能可以将这些数据层转换成相应的栅格数据层。如图 5-12 所示，用一个三维栅格柱体单元（对应于每一个栅格单元）可以描述地面、地层、滑动面等各类与稳定性分析有关的地理地质信息。这样，对于滑体中任一微小柱体单元，其三维数据模型可以表现为

栅格柱体单元。

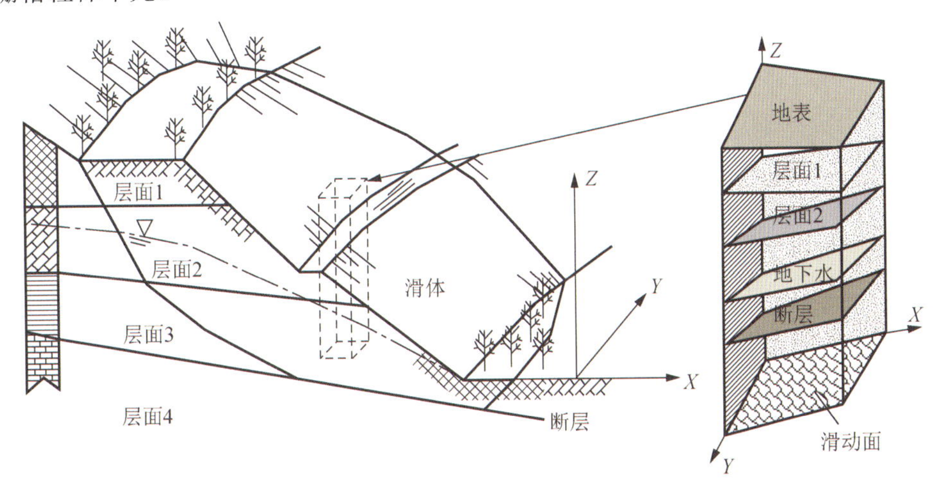

图 5-12　滑体及某一柱体的三维结构图

5.6.2　三维滑坡粒子模型

根据 SPH 方法基本思想，SPH 计算过程中整个问题域将被离散成若干的粒子。因此，在 SPH 计算中初始粒子的生成通常需要依靠编程或其他软件进行。编程建模适用于尺寸规则、简单、附加信息少的模型；借助于其他软件的建模方法适用于形状稍微复杂但较为规则的模型。对于一个滑坡体，其外形通常是不规则、无规律的，且滑坡体中还包含地层、地下水、断层等信息，即使使用专业地质建模软件，也并不容易。另外，SPH 计算中使用的是以粒子作为代表的子域，而非传统模型的网格，且粒子应当尽量规则排布以达到较好的计算效果，上述原因均加大了粒子模型建立的难度。

借助于 GIS 的空间数据表现能力，本章研究中用栅格数据来表现滑坡模型，包括滑坡地表、滑面、层面、地下水等信息，建立 GIS 平台中以栅格数据表现的 DEM，再将栅格数据转换为点（粒子）数据，最后通过程序简单地在每个粒子层间等距离插入填充粒子，该过程可以通过图 5-13 来表示。

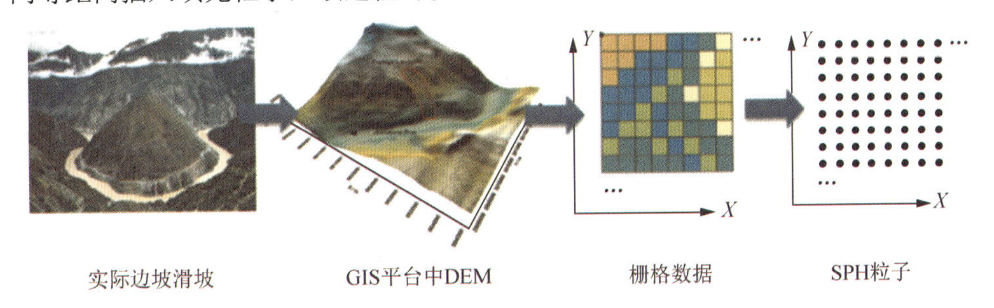

图 5-13　从实际滑坡到粒子模型的过程

具体说来，模型建立从技术上的实现流程如下。

对于三维的断面模型，其流程如下。

（1）在二维断面数据的基础上，提取出滑坡失稳前与失稳滑动后的地形特征线，用于 SPH 模拟后进行比较。

（2）在粒子生成前，首先将滑坡失稳前地形线与滑面线从现场采集数据中提取出来，然后沿着这两条线将若干粒子以固定间距布满。以王家堰滑坡为例，通过 GIS 编辑工具将矢量点以 10m 为间距插入布满失稳前地形线与滑面线。

（3）在 Matlab 中，将矢量点在 Z 方向以同样的间距插入具有相同 X 坐标的一对粒子；然后在二维的滑坡断面上，得到布满相同间距的粒子的滑坡体。

（4）在 Y 方向将断面拉伸扩展，粒子填充的间距与二维断面中粒子间距相同，最后用 SPH 粒子表示的三维断面模型就建立了。

对于真实的三维滑坡模型，其流程如下。

（1）在 GIS 平台中，根据现场地形数据（如等高线）建立 DEM。在本书中，需要建立三种 DEM 表面，即滑坡体表面地形 DEM、滑面 DEM、滑坡周围山体与河谷地形 DEM（尤其是滑坡可能影响的区域）。

（2）将滑面 DEM 与滑坡周围山体与河谷地形 DEM 融合成一个新的 DEM，该 DEM 可以理解为是滑坡的“滑动通道”；借助 GIS 的转换工具，该 DEM 的栅格数据转换为矢量点数据（粒子）。在 SPH 计算中，边界条件正是通过这些虚粒子被施予作用到滑坡体粒子上。本章的算例中，根据上一节中边界条件处理方法的表述，如图 5-14 所示铺设了排斥力粒子（黑色）与两层影子粒子（黄色）的方式，从而加强了虚粒子边界条件的作用。

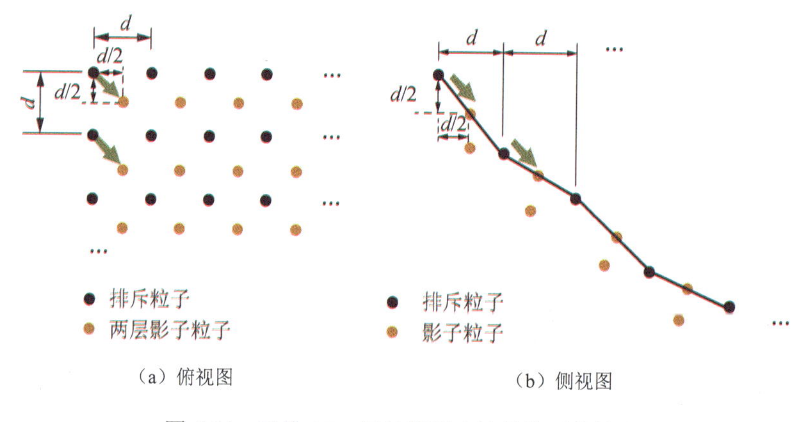

图 5-14　三维 SPH 滑坡模型中边界粒子的排布

（3）DEM 的栅格数据转换为矢量点数据（粒子）的过程是：将栅格数据每个栅格的中心设置一个粒子，故滑坡体表面地形 DEM 和滑面 DEM 均可以转换成由粒子构成的面，上一层的粒子面（此处指滑坡体表面地形面）和下一层粒子面（此处指滑面）中上下对应的一对粒子拥有相同的 X 和 Y 坐标。在这样的一对粒子中间，我们在 Z 方向以某个间距插入一系列粒子，粒子将充满整个滑坡体体积。

得益于 GIS 对地理、地质数据的表现处理能力，复杂与不规则的滑坡地形数据可以在细节处有优异的表现，图 5-15 中水平方向与竖直方向粒子的间距均为 10m。

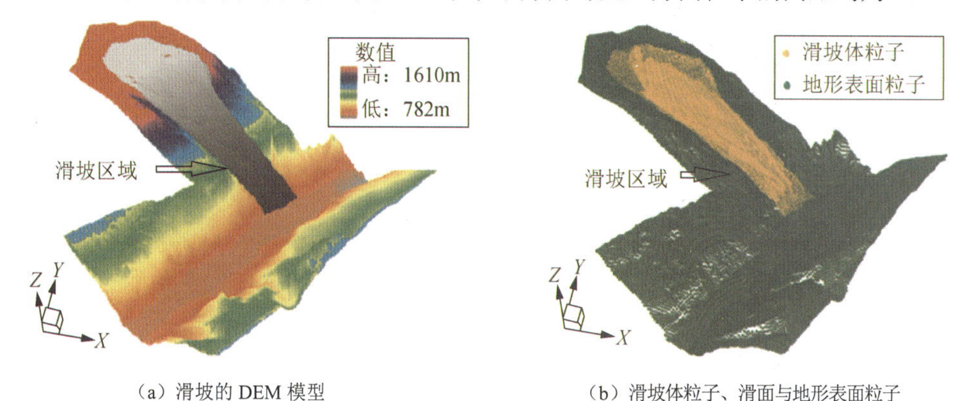

（a）滑坡的 DEM 模型　　（b）滑坡体粒子、滑面与地形表面粒子

图 5-15　三维滑坡粒子模型

在本章的研究中，在将栅格数据转换为粒子数据后，对于在每个粒子层间等距离插入填充粒子的过程，我们使用 C#语言编写了程序。该程序不仅完成了将粒子填满每层的操作，而且为滑坡模型的每个粒子赋予了在 SPH 计算中需要用到的属性特征，如粒子质量、密度、初始位置、初始速度、初始压强、初始加速度等。

5.7　滑坡模拟算例

以 2008 年汶川地震中具有代表性的三个大型滑坡，即唐家山滑坡、王家岩滑坡、东河口滑坡为例，采用本章所述方法与模型进行模拟，并与现场调查结果进行比较分析，从而验证该方法的可行性。此三处滑坡共同的特征在于：①从运动形态上属流动型滑坡，从组成成分上看由岩石与土构成，土所占比例很高，故可认为是流动型土质滑坡；②均为高速远程滑坡，破坏力极大。

5.7.1　唐家山滑坡

唐家山位于北川县城北约 4.7km 的湔江中游右岸。北川县隶属四川绵阳市，位于四川盆地西北部，东接江油市，南邻安县，西靠茂县，北抵松潘、平武县。北川县城距绵阳市区 60km，距成都 160km，地理位置如图 5-16 所示。

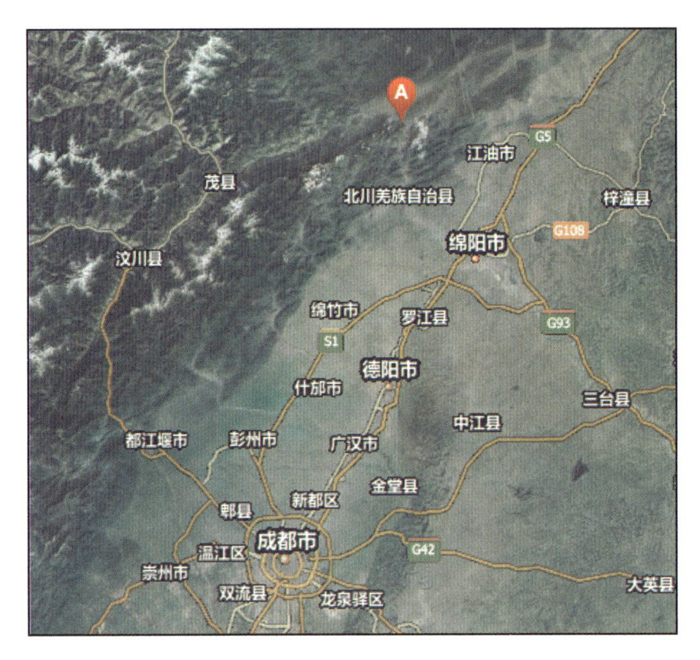

图 5-16　唐家山滑坡地理位置示意图

（A 处位置为唐家山滑坡）

从地形上看，唐家山滑坡处于青藏高原东部边缘地区，属典型的中高山峡谷地貌。其前缘的通口河系涪江右岸一级支流，总体上由西向东流经唐家山，河道狭窄，河床平均纵坡降 3.57‰，河谷深切，河谷横断面呈“V”形，谷坡陡峻。从构造上，唐家山滑坡在区域构造上处于龙门山中央断裂带北川—映秀段西北约 2.5km，唐家山堰塞体位于龙门山中央断裂带上盘，龙门山后山断裂距该区以北 20～30km，位于北川县城上游约 4.6km 的通口河中游右岸。地震以前，唐家山所在区域两岸地形陡峻，基岩多裸露，局部谷坡受层面、构造和自重应力影响，存在小规模的表层倾倒变形、崩塌等不良地质现象。浅表部岩体卸荷强烈，推测岩体强卸荷水平深度 20～40m，弱卸荷水平深度 50～70m。地震后，受地震及后期唐家山堰塞湖泄水水位骤降的影响，北川—治城一带岸坡变形破坏强烈，尤其是北川—唐家山附近的曹山沟，受地震影响山坡崩塌、滑坡极为发育且规模巨大，造成如唐家山、苦竹坝、东溪沟沟口三处滑坡堵江，形成堰塞湖，另外在山脊附近崩塌破坏非常普遍。

唐家山滑坡是一典型的中陡倾角顺层高速滑坡，地震触发整个下滑时间约 0.5min，滑坡相对位移 900m，快速下滑堵江而形成的堰塞坝顺河向长 803.4m，横河向最大宽度 611.8m，坝高 82～124m，平均面积约 30 万 m^2，推测体积为 2037 万 m^3。图 5-17 为唐家山滑坡三维影像乃全貌俯视图。

唐家山滑坡快速下滑堵江而形成的滑坡堰塞体表面起伏差较大，滑体呈前缘高、后缘低，中部高、两侧低的几何形态，两侧平缓开阔，堰高 82.65～124.4m。

滑体滑到对岸后呈反翘态势，前缘反翘倾角达到 59°；滑体厚约 70m。图 5-18 为唐家山滑坡工程地质剖面图。

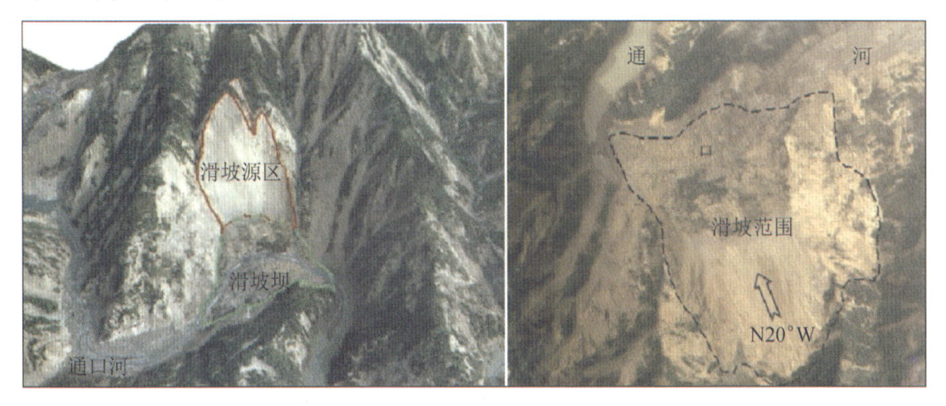

（a）唐家山滑坡三维影像　　（b）唐家山滑坡全貌俯视

图 5-17　唐家山滑坡三维影像及全貌俯视图

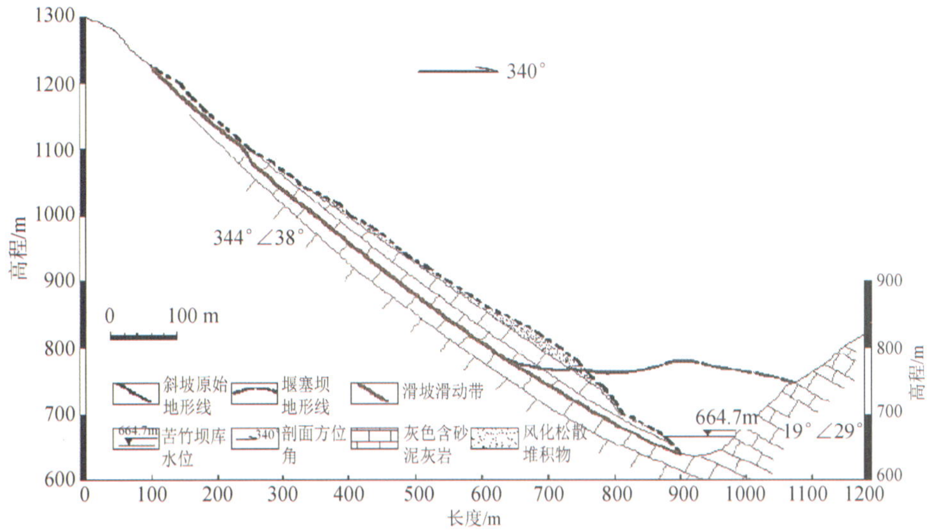

图 5-18　唐家山滑坡工程地质剖面图

按照滑坡 SPH 粒子模型建立方法，依据唐家山滑坡工程地质剖面图及参考文献的现场采集数据，建立了唐家山滑坡三维断面模型，如图 5-19 所示。

基于宾汉流体本构模型的土质滑坡模拟方法及程序，对唐家山滑坡的滑动过程进行了模拟。表 5-1 为唐家山滑坡 SPH 模拟的各重要参数。在唐家山滑坡的三维断面 SPH 模拟中，建立的模型如工程地质剖面图中地震前滑体的尺寸，三维断面的“厚度”为 150m，铺设了 10 层粒子，初始前相邻粒子的间距是 15m。唐家山滑坡模型中共有 89 080 个粒子，其中 9720 个实粒子，79 360 个虚粒子。程序计算中取用的时间步长为 2×10^{-2} s。经过模拟计算，图 5-20 显示了唐家山滑坡三维 SPH 模型模拟的滑动过程。

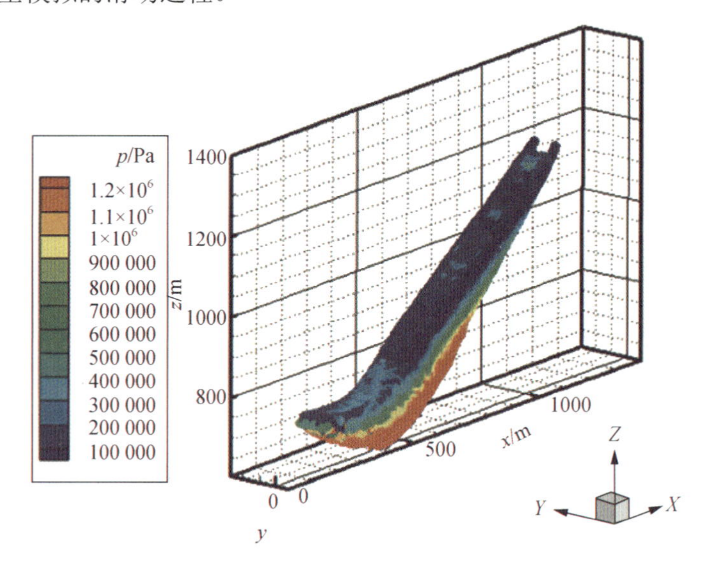

图 5-19　唐家山滑坡三维断面模型

表 5-1　唐家山滑坡 SPH 模拟的参数

密度 ρ / (kg / m^3)	2000
等效黏性系数 η / (Pa·s)	1.9
黏聚力 c / kPa	30
内摩擦角 φ / (°)	30.0

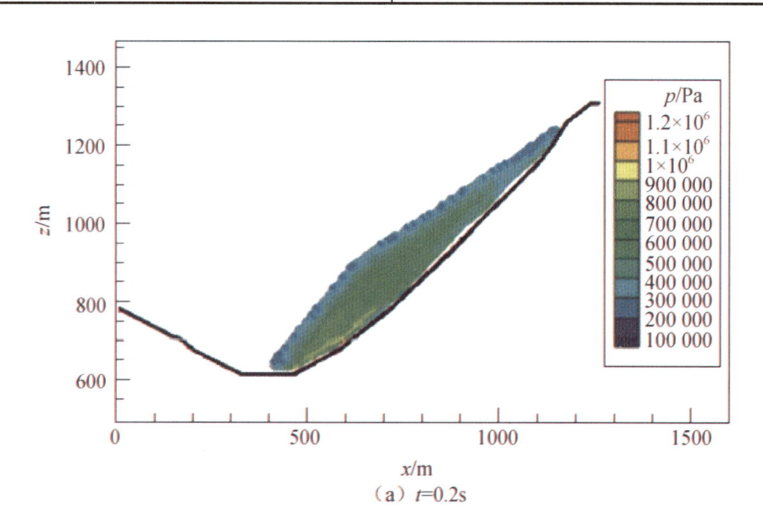

（a）t=0.2s

图 5-20　唐家山滑坡三维 SPH 模型模拟的滑动过程

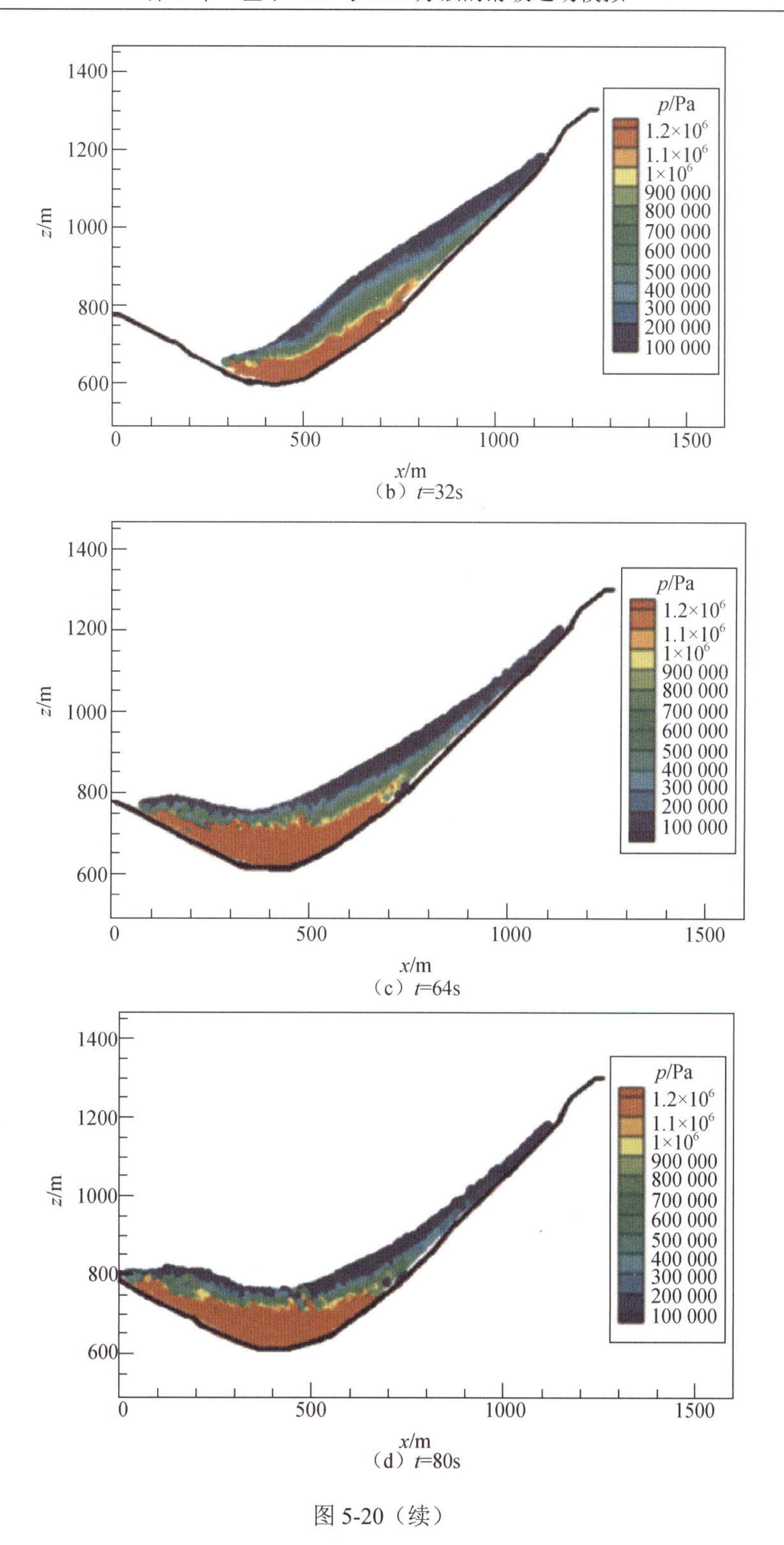

（b）t=32s

（c）t=64s

（d）t=80s

图 5-20（续）

5.7.2　王家岩滑坡

北川县城是汶川地震震中之一。经过县城的湔江河谷东西两侧斜坡引发了严重的滑坡灾难，王家岩滑坡就是其中之一。王家岩滑坡发生在北川县城城西，体积约 480 万 m^3，滑坡将下方的 50 多栋楼房摧毁。该滑坡是汶川地震触发的单个滑坡导致摧毁建筑最多，致灾后果最严重的灾难性滑坡。

王家岩滑坡区地貌属湔江河谷中低山地形地貌区，在河谷西侧形成逆向坡，在东侧形成顺向坡。斜坡浅部顺层风化强烈，形成了厚度接近 60m 的风化层。滑坡后缘标高 1000m，前缘抵达坡底，滑坡前后缘高差约 350m，滑程 550m。堆积体纵长 400m、宽 400m、厚约 30m，估计体积约 480 万 m^3（图 5-21 和图 5-22）。

（a）汶川地震后航拍图　　　　（b）滑坡覆盖了北川县老城区

图 5-21　王家岩滑坡

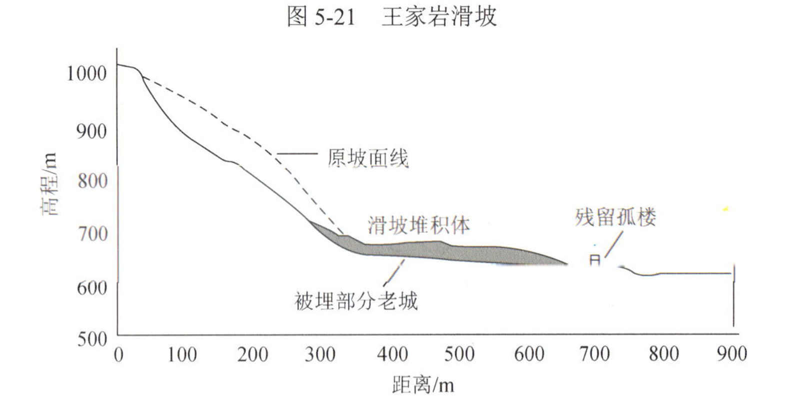

图 5-22　王家岩滑坡剖面图

按照本章所述的滑坡 SPH 粒子模型建立方法，依据王家岩滑坡剖面图及参考文献的现场采集数据，建立了王家岩滑坡三维断面模型，如图 5-23 所示。

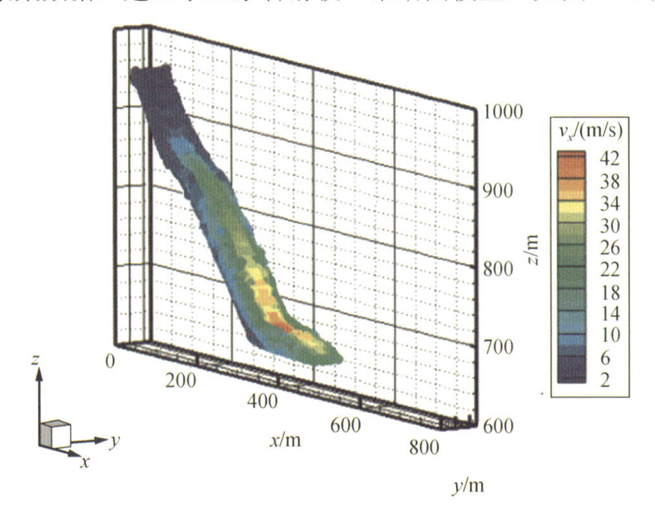

图 5-23　王家岩滑坡三维模型断面

基于宾汉流体本构模型的土质滑坡模拟方法及程序，对王家岩滑坡的滑动过程进行了模拟，表 5-2 为王家岩滑坡 SPH 模拟的各重要参数。在王家岩滑坡的三维断面 SPH 模拟中，建立的模型如工程地质剖面图中地震前滑体的尺寸，三维断面的“厚度”为 150m，铺设了 10 层粒子，初始前相邻粒子的间距是 15m。王家岩滑坡模型中共有 127 890 个粒子，其中 5160 个实粒子，122 730 个虚粒子。程序计算中取用的时间步长为 2×10^{-2} s。经过模拟计算，图 5-24 显示了王家岩滑坡三维 SPH 模型模拟的滑动过程。

表 5-2　王家岩滑坡 SPH 模拟的参数

参数	数值
密度 ρ / (kg / m^3)	2000
等效黏性系数 η / (Pa·s)	1.9
黏聚力 c / kPa	30
内摩擦角 φ / (°)	30

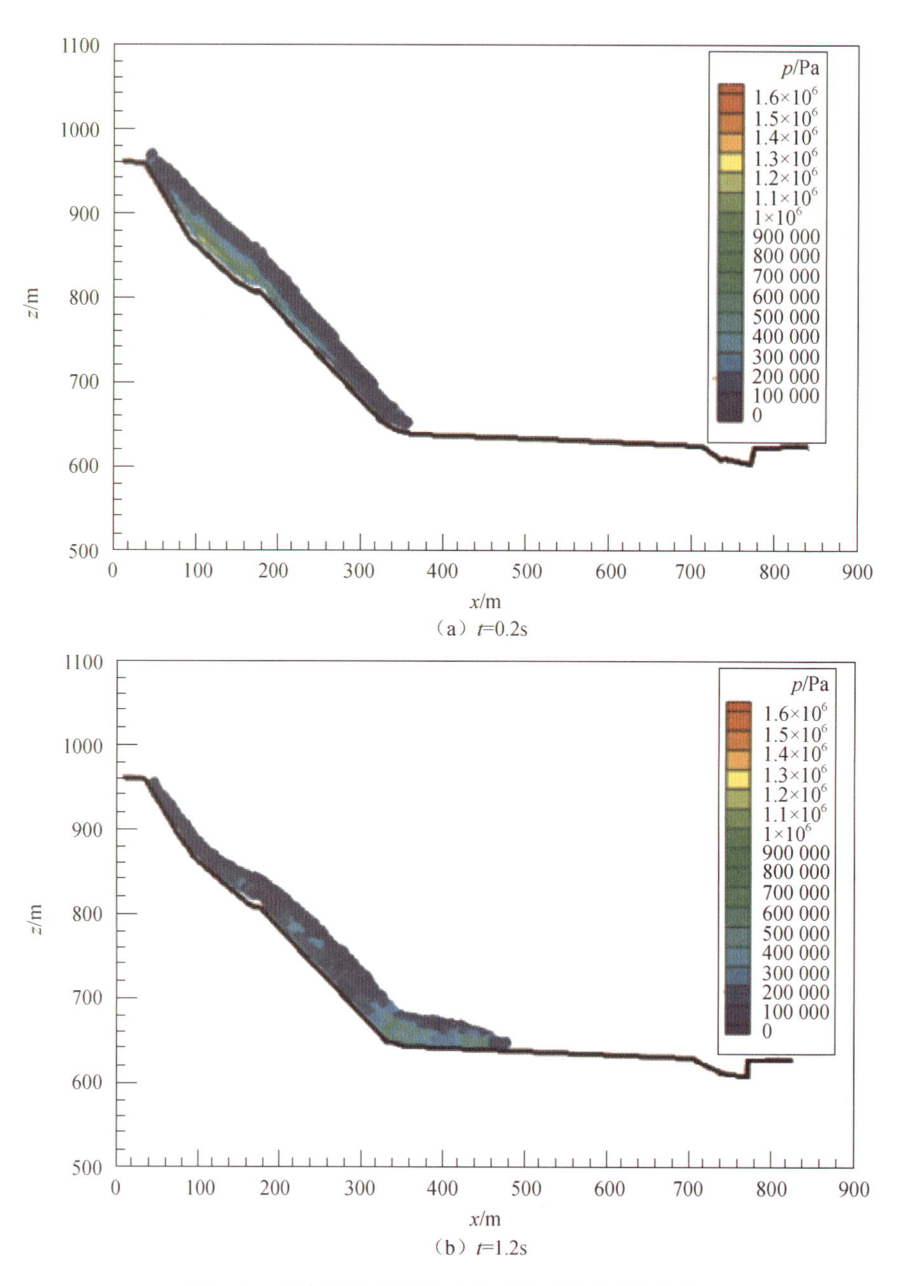

（a）t=0.2s

（b）t=1.2s

图 5-24　王家岩滑坡三维 SPH 模型模拟的滑动过程

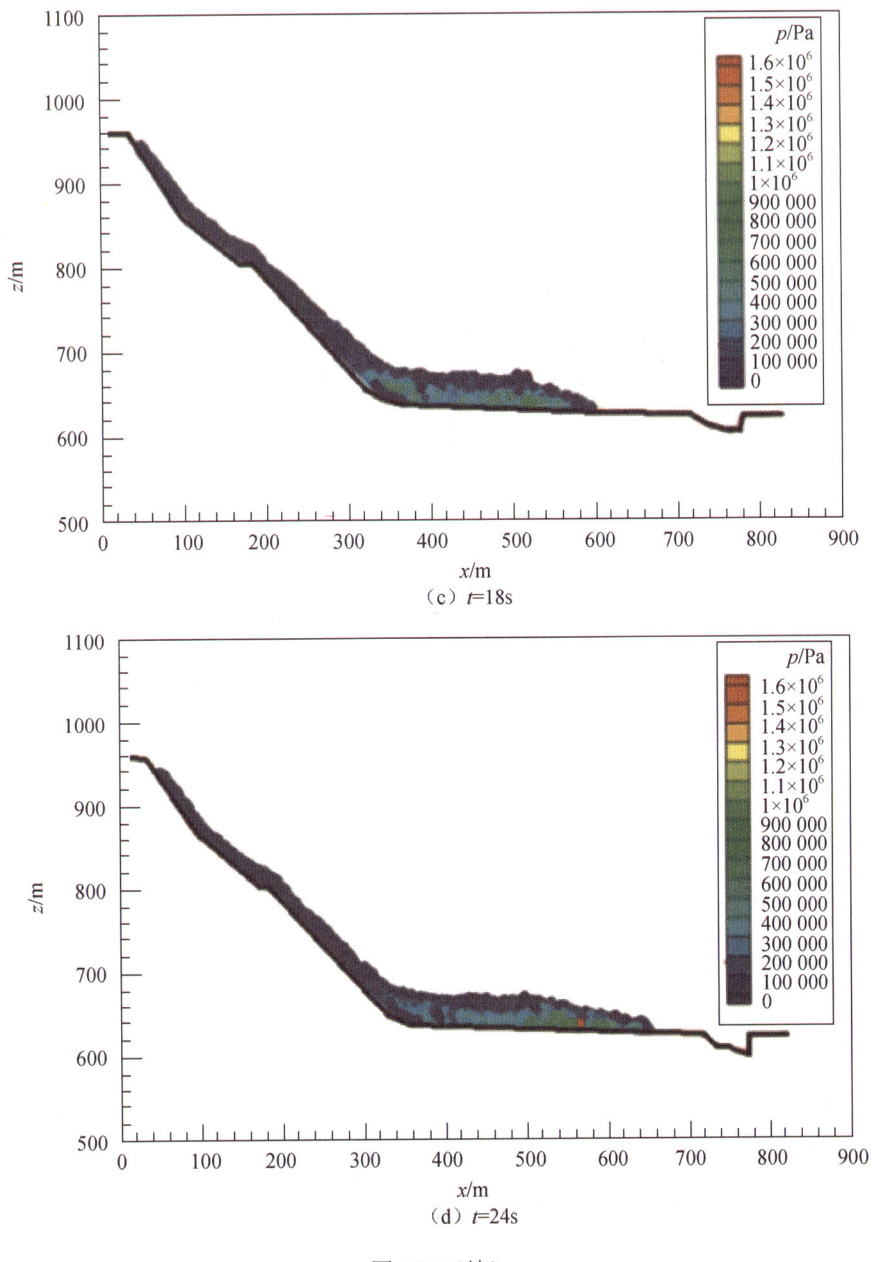

图 5-24（续）

5.7.3　东河口滑坡

根据殷跃平等的研究，东河口滑坡是汶川地震触发的较为典型的高速远程复合型滑坡。东河口滑坡（图 5-25）位于四川省青川县红光乡东河口村，距青川县 47km，体积 2000 万 m^3，滑程 2.4km。该滑坡与地震一同摧毁了河口村、王阳坪村、杨家坪和后院里等四个村以及东河口电站；滑坡同时堵断了青竹江与其支流红石河而形成两个堰塞湖。

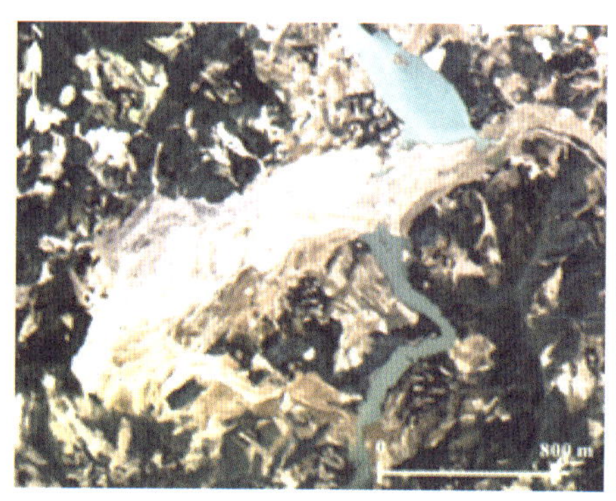

（a）航拍照片

（b）土、岩石碎屑

图 5-25　东河口滑坡

滑坡地处红石河与青竹江交汇处，滑坡区属中低山河谷地貌区。滑坡后缘海拔 1400m，前缘抵河谷处海拔 660m，滑坡体的前后缘高差大于 700m。滑源区高程 1070～1330m、宽 100～600m。坡体在强震作用下破碎解体后以高速碎屑流的方式向前运动 2km 左右，受周围山谷地形限制，堵塞青竹江与红石河，形成了体积接近 1000 万 m^3 和 50 万 m^3 的两个堰塞湖。

采用滑坡 SPH 粒子模型建立方法，依据东河口滑坡剖面图（图 5-26）及参考文献的现场采集数据，建立了东河口滑坡三维断面模型，如图 5-27 所示。

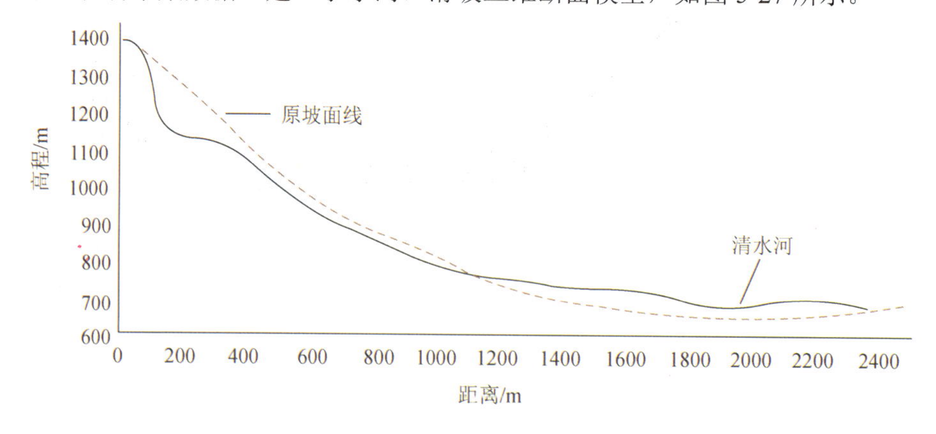

图 5-26　东河口滑坡剖面图

按照本章所述的基于宾汉流体本构模型的土质滑坡模拟方法及程序，对东河口滑坡的滑动过程进行了模拟。表 5-3 为东河口滑坡 SPH 模拟的各重要参数。在东河口滑坡的三维断面 SPH 模拟中，建立的模型如剖面图中地震前滑体的尺寸，断面的“厚度”为 150m，铺设了 10 层粒子，初始前相邻粒子的间距是 15m。东

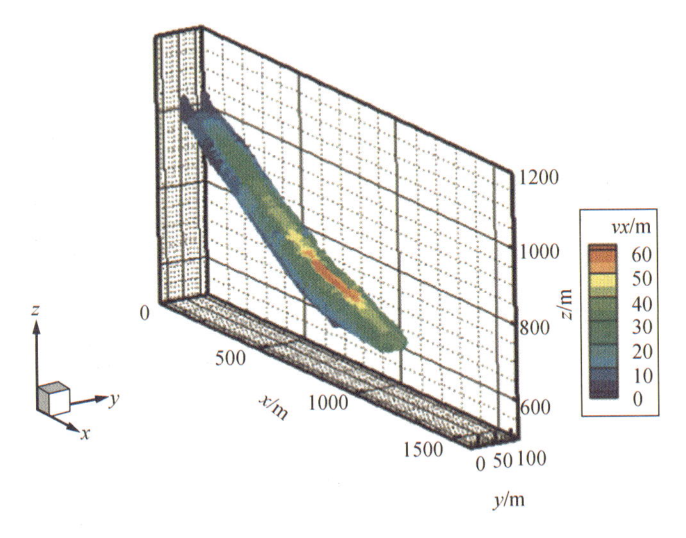

图 5-27　东河口滑坡三维模型断面

表 5-3　东河口滑坡 SPH 模拟的参数

参数	数值
密度 $\rho/(kg/m^3)$	2010
等效黏性系数 $\eta/(Pa\cdot s)$	2.0
黏聚力 c/kPa	20.5
内摩擦角 $\varphi/(°)$	39.0

河口滑坡模型中共有 110 966 个粒子，其中 5570 个实粒子，105 396 个虚粒子。程序计算中取用的时间步长为 2×10^{-2} s。经过模拟计算，图 5-28 显示了东河口滑坡三维 SPH 模型模拟的滑动过程。

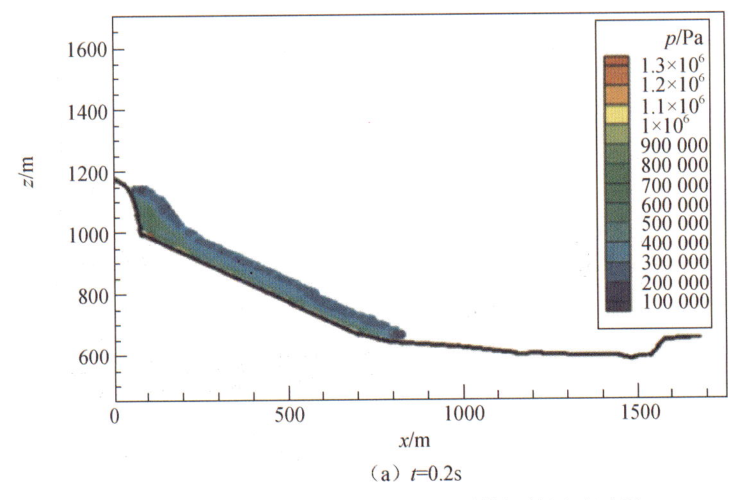

（a）t=0.2s

图 5-28　东河口滑坡三维 SPH 模型模拟的滑动过程

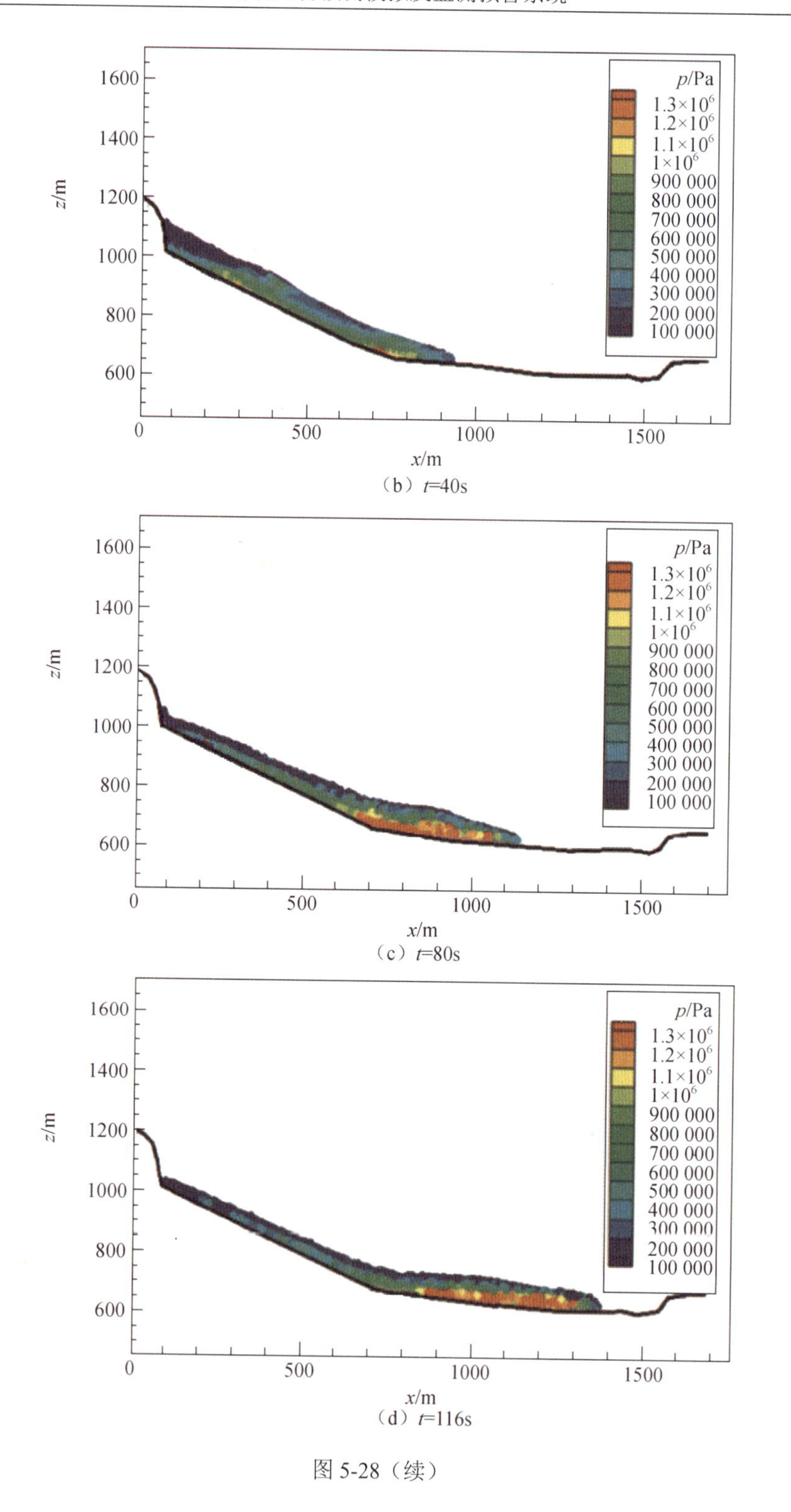

（b）t=40s

（c）t=80s

（d）t=116s

图 5-28（续）

第 6 章　滑坡监测数据的空间分析及安全预测

滑坡监测信息种类繁杂、数据量庞大，且因其直观性不强，往往需要具备较深厚的专业知识，投入大量的时间、人力和物力才能从中分析得到有指导意义的结果，这对于及时进行滑坡安全评价有极大的制约作用。GIS 技术不仅能准确、真实地表现滑坡的空间信息，而且借助其空间分析功能，能够将监测数据等属性信息以图形化的方式展现给用户，使冗繁而枯燥的数据变得生动而有趣。本章将系统地研究滑坡的空间分析方法，为工程人员能够全面、直观地研究滑坡的时空变形特征提供切实可行的解决方案。

6.1　滑坡监测数据的空间分析方法

6.1.1　二维可视化分析

1. 过程线图

过程线图用于表现监测值随时间的变化情况，常用的有折线图、样条曲线图和柱状图。过程线图可用于分析某一单点的单一物理量值随时间的变化过程［图 6-1（a)］、单点多个相同量纲的监测值随时间的变化过程及相互之间的关系［图 6-1（b)］、多点同一物理量值随时间的变化过程及关联关系［图 6-1（c)］、两个不同物理量的关联关系［图 6-1（d)］等。前两种过程线图也称为趋势图。

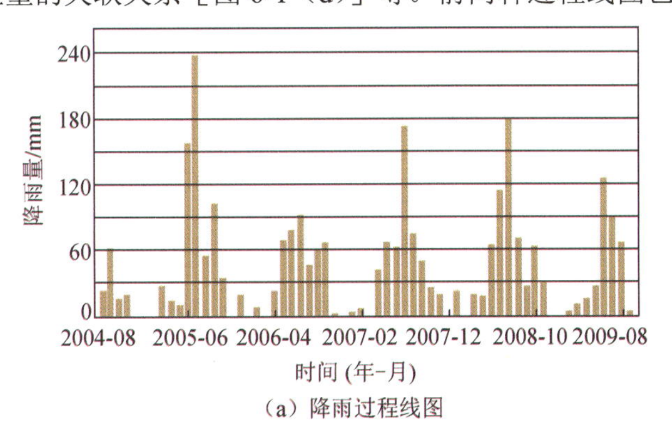

（a）降雨过程线图

图 6-1　过程线图

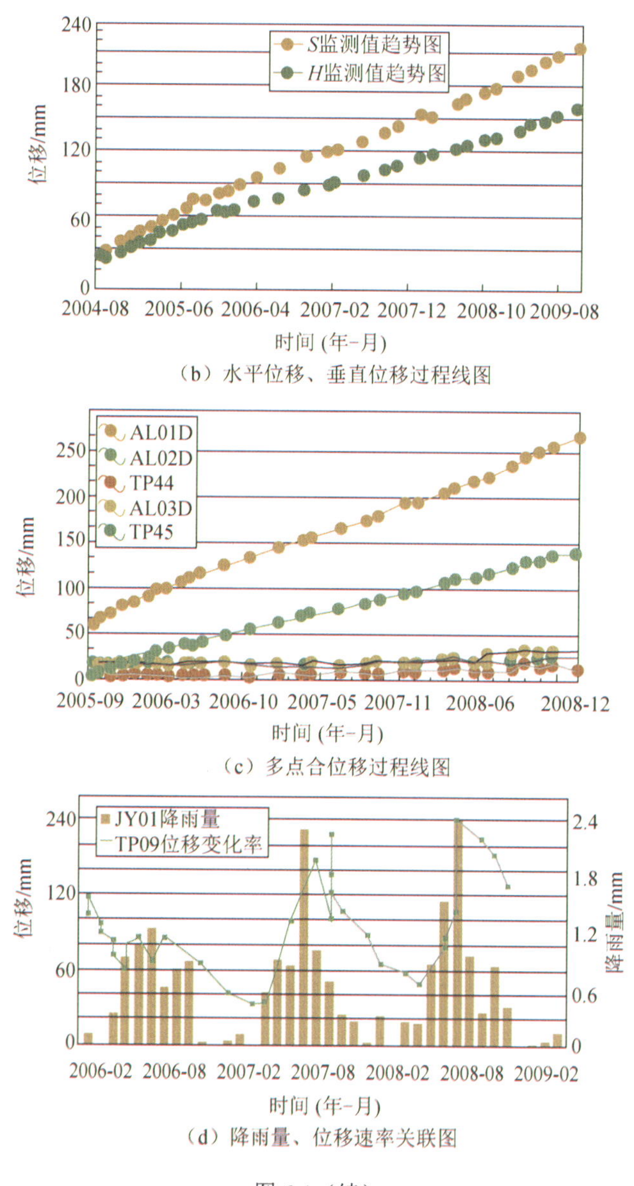

（b）水平位移、垂直位移过程线图

（c）多点合位移过程线图

（d）降雨量、位移速率关联图

图 6-1（续）

对于滑坡监测数据的分析，主要包括各监测点的地表位移、降雨、地下水位、库水位、渗压等监测信息随时间的变化情况；多点地表位移、地下水位、渗压等监测信息的关联分析；降雨和库水位、渗压水头和库水位、降雨和地下水位、地下水位和库水位、降雨和地表位移等关联分析，这些均是针对监测到的原始数据进行分析。对于位移监测数据，除累积位移外，还有必要分析各点位移速率、多点位移速率随时间的变化情况，位移速率与降雨之间的关联关系等。通过分析过程线图，可以得到各监测物理量随时间的变化规律及相互之间的关联关系等。

2. 分布图

在滑坡体上布置多个监测点进行监测的目的是为了查明整个滑坡各个因素的分布情况，因此，除分析监测点的测值随时间的变化情况外，还需要分析其与位置之间的关系，即分布图分析。分布图有多种表示方法，根据监测点的不同空间位置关系，采用不同的表现形式。

常用的有以下两种类型，即线状分布图和面状分布图。

1）线状分布图

线状分布图可表示物理量沿某一特定方向测值的分布情况。分布图中表示监测点位置的坐标轴，可以根据需要水平或垂直放置，另一坐标轴表示物理量的值。

在滑坡监测中，分布图常用于分析深部位移的分布规律。深部位移监测为准确确定滑动面的位置、评价滑坡所处的变形状态及其发展趋势提供重要的信息。根据分布曲线的形态特征，可以判断钻孔中岩土体的变形特征。常用的深部位移分布图有累积位移-深度曲线图和相对位移-深度曲线图。通常采用滑坡的累积位移-深度曲线图的形态特征来对滑坡的变形特征进行分析。

工程实践监测成果表明，累积位移-深度曲线主要有六种典型的类型，即“钟摆”形、“V”形、“B”形、“D”形、“r”形和“复合”形。每一种曲线的形态特征反映了滑坡深部相应的变形状态及发展趋势。

“钟摆”形如图 6-2 所示，曲线在坐标轴两侧来回摆动，表明该孔内位移趋势不稳定；曲线摆动幅度很小，不大于 20mm，在误差限度以内，表明此处岩土体稳定。

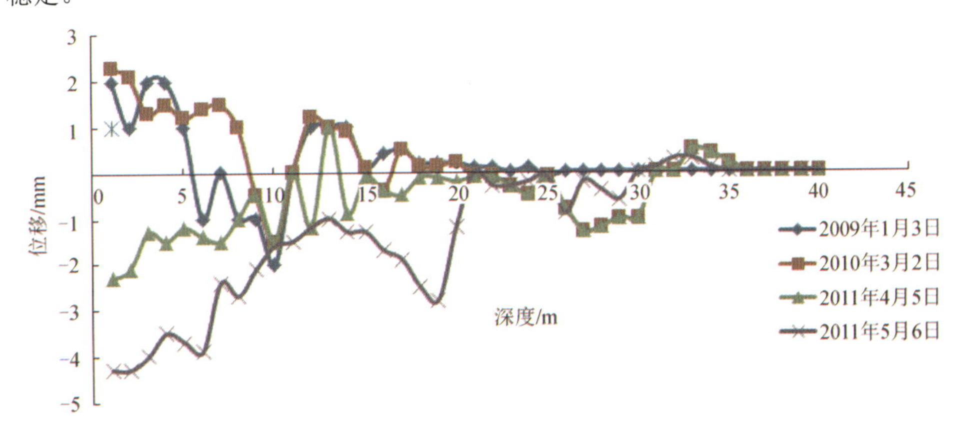

图 6-2 “钟摆”形的累积位移-深度曲线

“V”形如图 6-3 所示，曲线整体呈“V”字形；深部几乎没有变形；随着深度的减小，位移逐渐增大，孔口处位移最大；曲线上没有明显的突变，表明该孔附近岩土体还没有形成明显的位错带，处于剪切蠕变阶段；但随着变形的进一步发展，有可能在软弱带等薄弱位置形成滑动面。

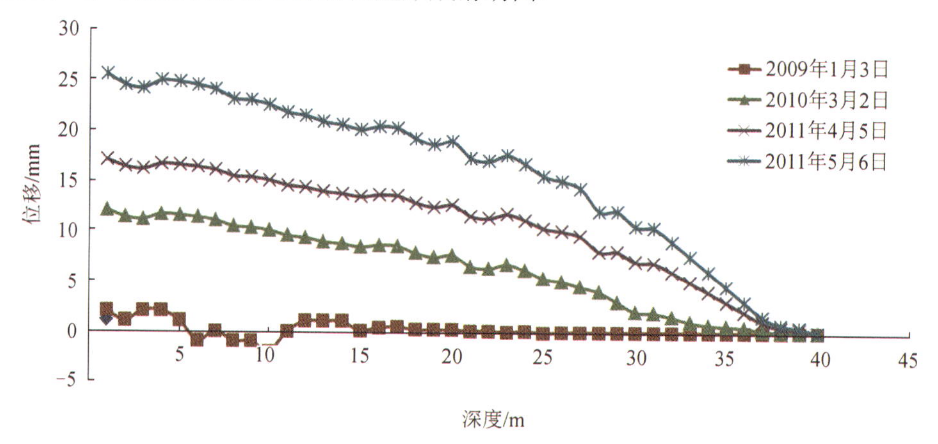

图 6-3 “V”形的累积位移-深度曲线

“B”形如图 6-4 所示，曲线上有几个较明显的凸出部位，表明岩土体沿着多层软弱带滑动，坡体处于初始蠕变-滑移阶段。

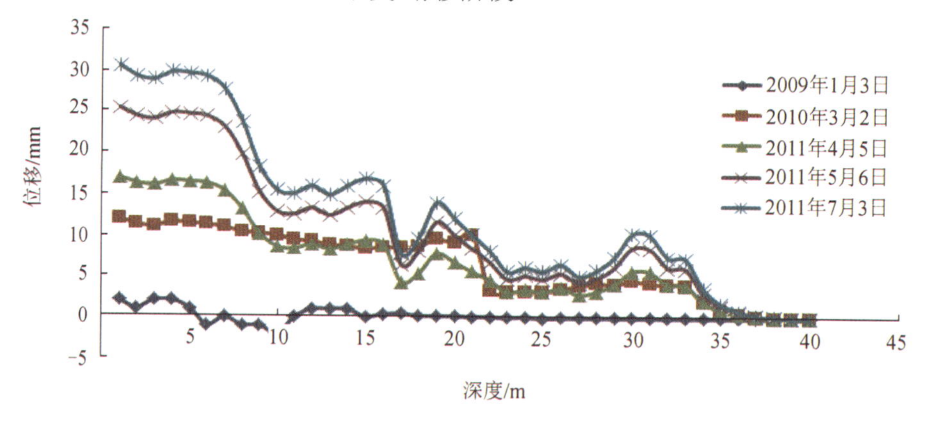

图 6-4 “B”形的累积位移-深度曲线

“D”形如图 6-5 所示，曲线整体呈现近似“D”字形。曲线有且仅有一个明显的位错带，位于滑坡深部，位错带以下，位移很小，位错带以上，位移随深度的减小基本保持不变，表明该孔深部存在一个滑动面，且滑面以上滑体为整体运动，该孔附近区域处于滑移失稳阶段。

“r”形如图 6-6 所示，该曲线形态与“D”形曲线相似，有且仅有一个明显的位错带，表明存在一个滑动面；位错带以下基本不动，岩土体相对稳定；其上位移大，但相对位移较小，表现为整体滑移特征。所不同的是，该滑面距离地表较浅，属浅层滑动。

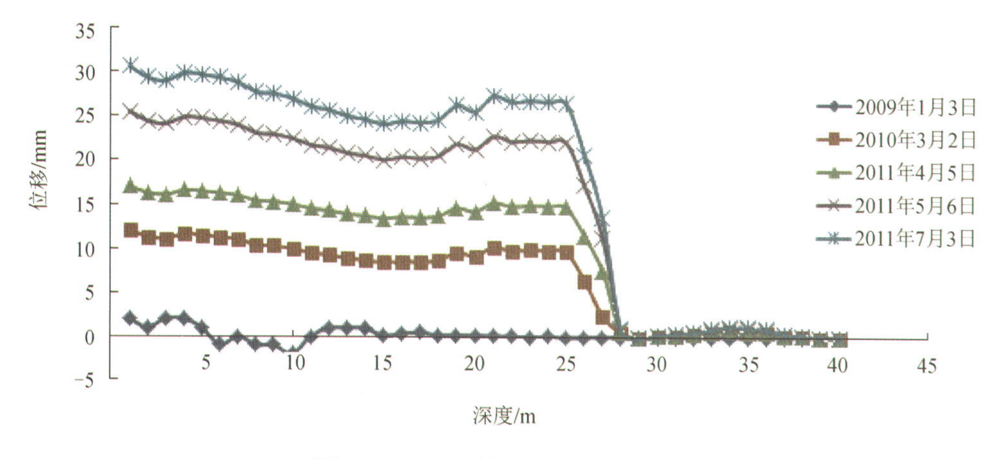

图 6-5 “D”形的累积位移-深度曲线

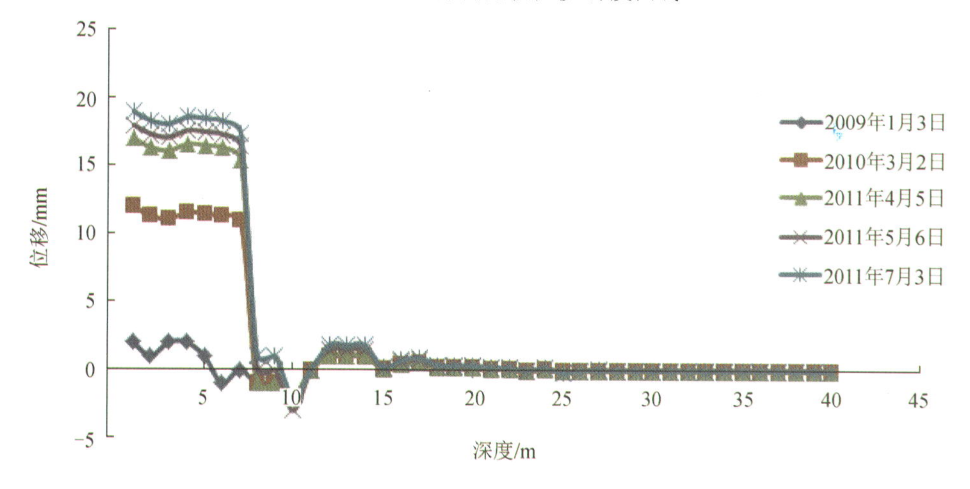

图 6-6 “r”形的累积位移-深度曲线

“复合”形：由于滑坡地质条件复杂，影响因素众多，其深部位移曲线形态通常表现为上述两种及以上典型曲线的组合形式；且随着时间的推移，同一钻孔内不同时期的变形特征也表现为多种组合形式。通过这种类型的曲线来判断深部岩土的运动特征，要根据具体情况具体分析。

综上所述，根据各钻孔内累积位移-深度曲线的形态特征，可以判定深部岩土体的变形特征。“钟摆”形曲线表明岩土体处于稳定状态，若持续变形，则有向剪切蠕变发展的趋势；“V”形曲线表明测孔内岩土体还没有形成明显的滑动面，处于剪切蠕变阶段，但很可能在最薄弱处形成滑动面；“B”形曲线表明岩土体沿多层软弱带滑动，但以其中某一软弱带的运动为主；“D”形、“r”形曲线表明岩土体已具备固定的滑动面，处于滑移失稳变形阶段；“复合”形曲线形态各异，需要进行具体分析。

2）面状分布图

面状分布图是在监测布置平面图或断面图中，绘制某一监测日期某监测物理量的等值线图，用以表现岩土体的连续变化特征。滑坡监测中常用的平面或断面分布图有平面图或断面图上水平位移、垂直位移或合位移等值线图，平面图中地下水位等水位线图及应力分布图等。目前，由于没有好的系统支持，面状分布图一般都由工程人员手绘，效率和精度都受到限制，工程中应用较少。

3. 方向角

位移监测是滑坡监测的关键内容。位移是矢量，具有大小和方向两个要素。目前还很少有学者对位移方向角的可视化进行研究。本章中采用极坐标系对监测数据进行可视化表达，实现位移大小及方向角的同步可视化。

极坐标系是由极点、极轴和极径组成。极坐标系中任意一点的坐标用该点到极点的距离 ρ 和该点与极轴之间的夹角 θ（以逆时针为正）来表示。位移包含大小和方向两个要素，因此一个位移值可以采用极坐标中的一个点来表达。需要注意的是，在极坐标系中，通常选择水平向右的方向为极轴的正方向，逆时针方向为方向角的正方向。而对位移方向的表达，工程中是基于坐标方位角的概念来描述，即笛卡儿平面直角坐标系中平行于纵坐标轴的方向与某一方向的夹角，以顺时针方向为正。因此，为了正确表达监测值，有必要将极坐标系逆时针旋转 90°，然后再对位移方向角做简单的转换。设位移方向角为 α，大小为 S，则其在极坐标系中对应的坐标点与极轴的夹角为 $360° - \alpha$。该位移值对应的坐标点为（S，$360° - \alpha$）。

工程中得到的位移监测结果以 $\boldsymbol{X}$、$\boldsymbol{Y}$、$\boldsymbol{Z}$ 各个分量给出，方向角的大小需要通过 $\boldsymbol{X}$（东西方向）、$\boldsymbol{Y}$（南北方向）方向分量按照下式计算求得，即

$$\theta = \begin{cases} \dfrac{\pi}{2} & \boldsymbol{Y}=0,\ \boldsymbol{X}>0 \\ \dfrac{3\pi}{2} & \boldsymbol{Y}=0,\ \boldsymbol{X}<0 \\ \arctan\dfrac{\boldsymbol{Y}}{\boldsymbol{X}} & \boldsymbol{Y}>0,\ \boldsymbol{X}>0 \\ \theta = \pi + \arctan\dfrac{\boldsymbol{Y}}{\boldsymbol{X}} & \boldsymbol{Y}<0,\ \boldsymbol{X}>0 \\ \theta = \dfrac{3}{2}\pi - \arctan\dfrac{\boldsymbol{Y}}{\boldsymbol{X}} & \boldsymbol{Y}>0,\ \boldsymbol{X}<0 \\ \theta = 2\pi + \arctan\dfrac{\boldsymbol{Y}}{\boldsymbol{X}} & \boldsymbol{Y}>0,\ \boldsymbol{X}<0 \end{cases} \tag{6-1}$$

根据以上方法，在极坐标系中绘制监测点的位移坐标点。

在滑坡监测中应用方向角分析方法，有以下三种主要功能。

（1）分析在监测全时间段内或部分时间段内某一监测点处的位移方向的变化情况，确定各点的主滑动方向。

在方向角分析中，仅表示单一的测值意义不大。通常绘制某监测点累积位移在某时间段内或全时间段内的监测值方向角分布图，以直观、快速地查看其位移方向的变化情况。对于滑坡体上各点来说，在滑坡持续变形过程中，各自的运动方向基本恒定，称此方向为该点的主滑动方向。

如图6-7（a）所示，为某监测点水平位移在监测全时间段内的方向角分布图。可以看出，随着时间的推进，位移方向角保持 135° 基本不变，表明该点的主滑动方向即为135°，位移大小持续增长，表明该点处沿 135° 方向发生了持续变形，处于蠕滑变形中。如图6-7（b）所示，各个位移坐标点分布比较散乱，无固定方向，且监测值很小，表明该点处岩土体稳定或处于初始变形中。

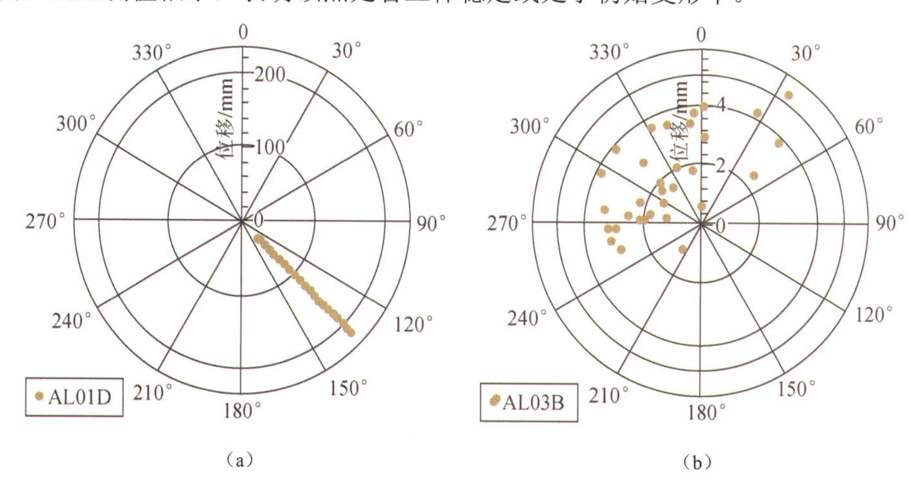

图6-7　单测点位移方向角分析图

（2）分析滑坡的主滑方向。滑坡体上通常均匀布置多个位移监测点。滑坡体的主滑方向即为坡体上监测点的总体位移方向。以上分析了单点位移的方向角变化情况。当在同一个极坐标系中同时绘制多个测点的位移方向角分布图时，可以查看多个测点的方向角的整体分布范围，此方向角的范围即为滑坡体的主滑方向。图6-8显示了某滑坡体上关键监测点的方向角分布，其整体分布范围处于 120° ～ 150° ，即为滑坡的主滑方向。

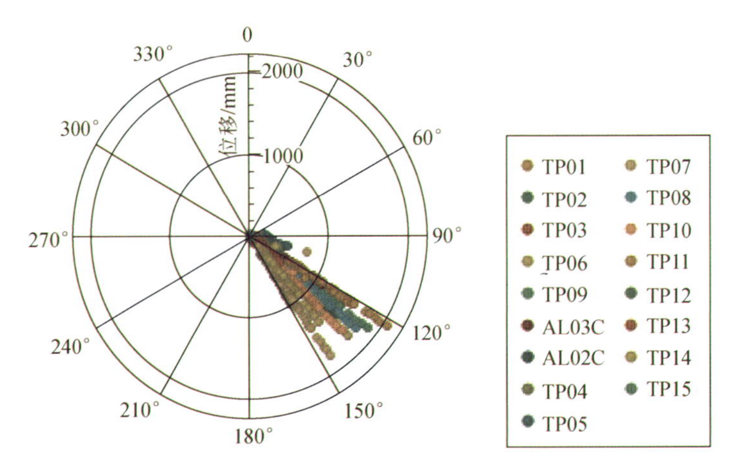

图 6-8　确定滑坡主滑方向的方向角分析图

（3）分析某监测断面或钻孔中位移的分布情况。将某监测断面上或钻孔中某一天各个测点的位移坐标点绘制在极坐标系中，从而分析断面上或钻孔中位移方向的分布情况。如图 6-9（a）所示，位移方向基本不变，位移大小分布均匀，表明该断面或钻孔各个部位位移的方向趋于一致，大小均匀变化。如图 6-9（b）所示，位移方向在一个小范围内变化，而在轴向方向上出现空白分布，表明位移大小出现明显突变，且在突变位置附近位移方向不稳定。这为进一步分析突变的位置提供参考依据。

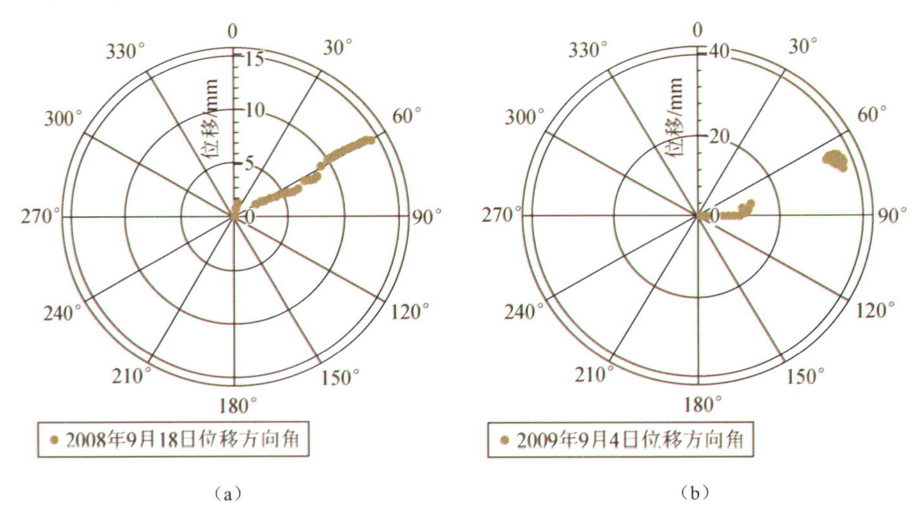

（a）　　（b）

图 6-9　某断面或钻孔中单点位移方向角分析图

以上分析了单个日期时各个位移在极坐标系中的分布特征。为明确整个监测时段中断面上或者钻孔中位移的分布特征，可以同时绘制多日期的多点位移方向角分布图。图 6-10 显示了某钻孔中各个监测点在多个日期的位移方向角分布图。

由图 6-10 可知，该钻孔中位移方向角分布于 100° 左右。

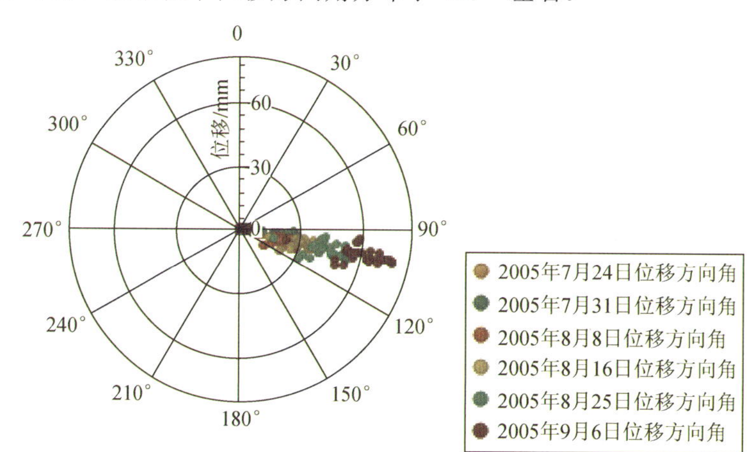

图 6-10　某钻孔中各个测点在多个日期的位移方向角分析图

采用极坐标系，能够同时将位移的方向和大小进行可视化表达；多点位移在监测全时间段的表达以及多日期的多点位移分布图，综合反映了位移随时空的分布特征。然而其对时间和空间信息的表达不甚明确，需要结合其他分析方法进行综合分析，才能达到更好的效果。

6.1.2　空间分析

监测数据是反映滑坡内部变形及应力等变化情况的基础信息。基于二维坐标系的分析方法可视化程度不高，无法全方位直观地表现滑坡的整体工作性态和监测物理量的变化趋势。因此，研究监测数据的空间分析技术，对各种不同的监测信息进行特征提取，进而揭示滑坡的演化规律、明确其滑动变形特征具有重要的工程意义。本节将重点研究监测数据的三维、平面和断面分析等空间分析方法，实现监测数据与地质信息的综合分析；并基于时态 GIS 的思想，实现地表位移、深部位移随时空变化的动态演示，从而更加生动形象地表现监测数据的时空分布特征。

1. 三维分析

三维分析是在三维视图中基于三维地质环境信息，对监测数据进行可视化分析。基于 Skyline 的地图控件，能够实现滑坡三维模型的可视化，直观地展现滑坡监测现场的三维场景，同时借助漫游工具能够任意旋转、平移、缩放地图，便于从各个角度、各种视图大小观察滑坡体。

三维分析的内容包括空间对象与传统二维分析图的交互查询分析、位移分布图的动态生成、位移综合时空分析。

基于此三维地图，能够直观获取各个监测点的空间位置及周围环境信息。监测数据等属性信息可以通过监测点的空间位置进行动态关联。基于该地图，可动态查询各点的监测值随时间变化的趋势图，并且通过鼠标实时获取曲线上任意点处的监测值大小。对于深部位移监测，能够动态获取各钻孔的位移分布图，从而快速地辨识深部变形特征。传统的二维监测分析图，均可通过空间数据进行动态调用，实现监测信息和地质条件的综合分析，大大节省了现场验证的时间，有效提高了工作效率。图 6-11 为三维视图中空间对象与二维分析图的交互查询界面。

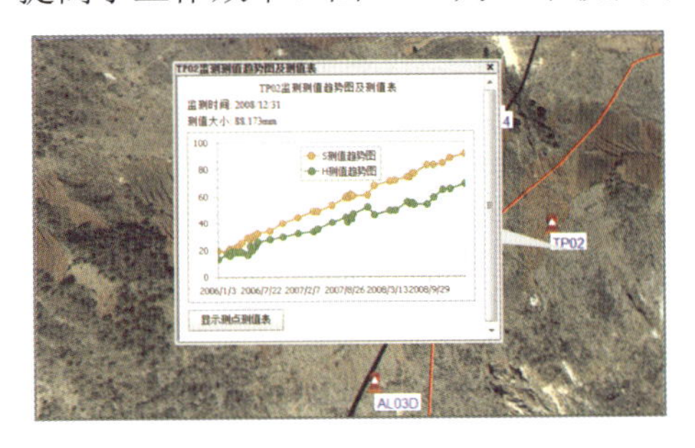

（a）趋势图

（b）关联图

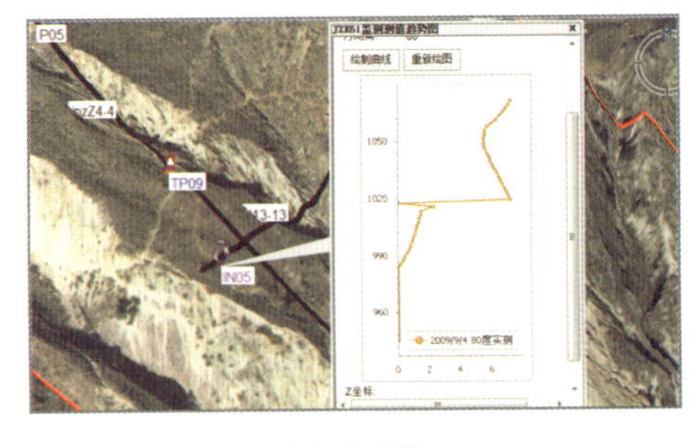

（c）分布图

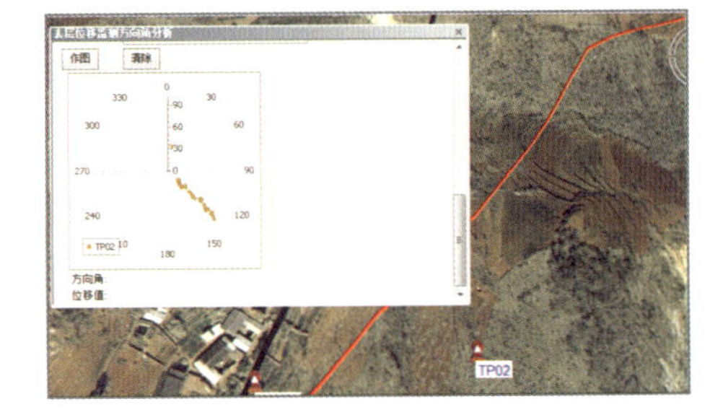

（d）方向角图

图 6-11　三维视图中空间对象与二维分析图的交互查询界面

为了展现滑坡位移的空间分布情况，本书研究了位移矢量在空间地图中的动态图形化生成，将滑坡变形分布更直观、快捷地展现给工程人员。

由于各个监测点的位移与滑坡体相比显得很微小。如果用测值的绝对值来显示测值大小，在图上根本无法分辨。因此，本研究采用相对位移矢量法来表示监测点的细微变化。设位移监测值在监测时段内绝对值最大的测值 $V_{\max}$ 在地图上显示大小为 $t_{\max}$ 地图单位，绝对值最小的测值 $V_{\min}$ 在地图上显示大小为 $t_{\min}$ 地图单位。当绝对值最小的测值大小为 0 时，即 $t_{\min}=0$。其他监测值 V 在地图显示大小 t 用下式表示为

$$t=\frac{(t_{\max}-t_{\min})(|V|-|V_{\min}|)}{|V_{\max}|+t_{\min}} \tag{6-2}$$

地表位移矢量一般由 ***X***、***Y***、***Z*** 三个分量组成，因此，在三维地图中，同时考虑各个分量及合矢量的图形化生成。利用 Skyline 的二次开发控件库 TerraExplorerX 中提供的三维箭头对象可以表示地表位移的各个分量及合矢量。箭头对象需要基于起点坐标（***X***、***Y***、***Z***）、方位角（θ）、倾角（α）及箭头长度（l）等参数来生成。起点坐标即为该测点所在空间位置处的三维地理坐标。合矢量的方位角采用监测点的 ***X*** 和 ***Y*** 方向的位移大小通过式（6-1）计算得到，***X*** 方向分量默认方位角为$\pi/2$，***Y*** 方向的分量默认方位角为 0；箭头长度由式（6-2）求得。基于以上参数，在三维地图中绘制各个监测点的位移图形，动态展现滑坡的位移分布图。随着时间的推移，地表位移的最大值会不断增大，而初期位移相对于最新位移大小就会很小，在地图上表现出来也会很小，为了增强表达效果，采用放大位移法，即将箭头长度乘以一个常数，使位移表现更明显，且进一步扩大各个监测点之间的差异。采用相对位移矢量法表达空间位移的分布情况，便于从宏观上判识滑坡的变动范围、主滑方向、位移分布特征等。

图 6-12 显示了某一观测日期多个监测点的地表位移矢量图形化表达，直观地展现了某滑坡变形的区域及位移的分布规律。为了实时查看位移值的真实大小，将监测值以提示信息的方式绑定在箭头对象中，这样在鼠标指向该对象时，就可以查询到对应的监测值大小，从而达到所见即所得的功效。这种图形化的表达方式实现了将监测信息和空间地质信息的叠加，使得滑坡的特征辨识更加方便和快捷。

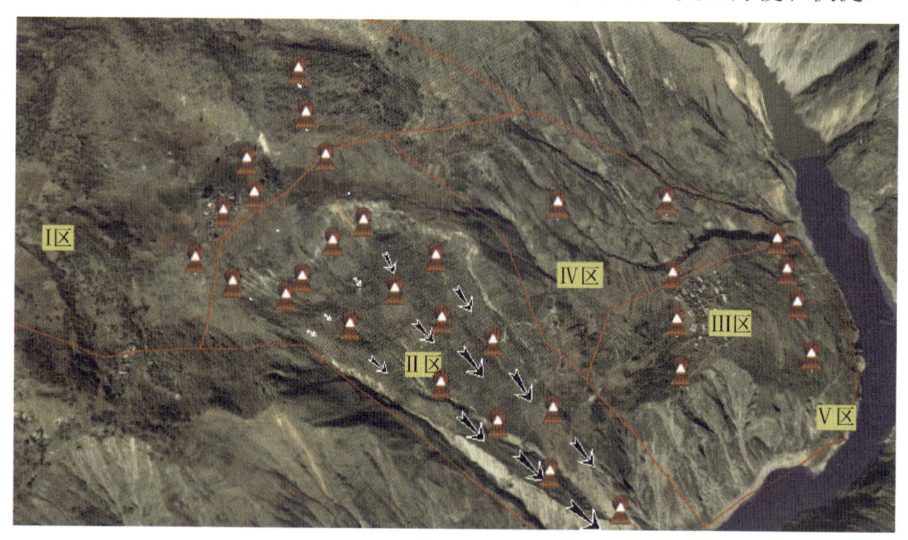

图 6-12　三维视图中地表位移可视化表达

对于深部水平位移，采用空间线段进行展示。线段的起点为监测对象本身，线段的方向通过方位角进行换算，线段长度为位移合矢量的大小，如图 6-13 所示。与地表位移矢量类似，深部位移图形也可以进行放大和提示信息显示，且提示信息中除包含测值外，还有深度信息，以便工程人员快速查明发生错位的深度。

图 6-13　三维视图中深部位移矢量的图形化表达

2. 平面分析

平面分析是在平面视图中对监测数据进行可视化分析。滑坡的平面综合信息模型是基于 ArcGIS Server 的地图控件进行显示，直观地展现滑坡监测现场的地质环境。

在平面视图中，可以实现的分析有空间分析图与传统二维分析图的交互查询分析、位移的动态图形化生成、插值分析、任意断面图生成等。

在平面视图中，以空间平面地图为基础，采用以上多种二维分析方法对监测数据进行可视化分析，实现空间信息和属性信息的交互查询和分析。

在平面视图中，位移矢量采用箭头和圆圈来进行图形化表达，箭头表示水平位移，圆圈表示垂直位移。对于水平位移，以箭头的长度表示水平位移的相对大小，箭头的方向表示位移的方向，通过方向角进行换算。在 ArcGIS Server 中，箭头对象用起点和终点两个参数来创建。箭头的起点是测点的位置，箭头终点的 *XY* 坐标是用起点的 *X* 和 *Y* 坐标分别加上各自方向的相对位移增量求得。然后连接起点和终点即为水平位移在平面视图中的图形化表达。垂直位移采用圆圈来表示，圆圈的颜色表示垂直位移的正负，正值用蓝色表示，负值用红色表示，绿色表示 0 值。圆圈的大小表示位移的相对大小。在此，位移的相对大小由式（6-2）求得。图 6-14 显示了位移在平面中的图形化表达。从图 6-14 中可以直观判识滑坡的变形区域及位移的分布特征。

出于经济及工程条件等因素的限制，滑坡体上监测点的数量是有限的，获取的监测数据也是离散的、不连续的。插值技术能够根据有限离散的监测值，基于一定的插值算法，快速计算生成区域内连续的面状分布云图或等值线图，并以图形化的方式进行可视化展示。这对于分析滑坡的变形、应力及应变等连续分布状态非常重要。

地学分析中常用的插值算法有克里金(Kriging)和反距离权重(inverse distance weight）插值。反距离权重插值根据预测点与样本点之间的距离来确定各样本点

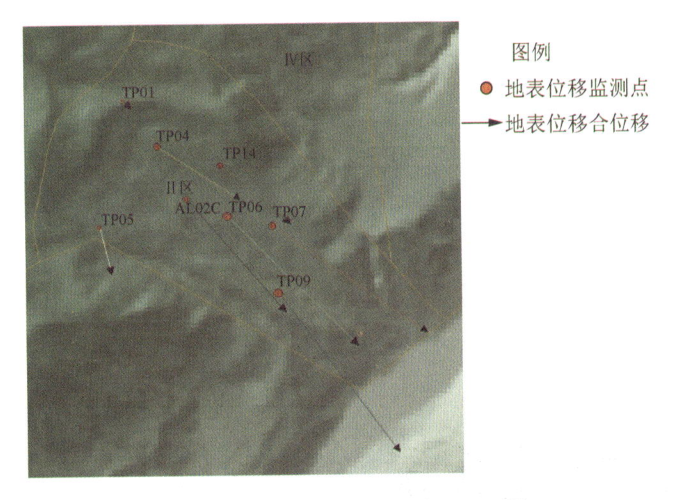

图 6-14　平面视图中地表位移可视化

的权重因子，每个样本点对预测点的影响随距离的增加而减弱。当样本点较多且分布均匀时，采用反距离权重法能够得到理想的插值结果。克里金插值是一种地学统计的插值方法，基于自相关的统计模型进行建立。与反距离权重法类似，也是通过给已知样本点赋权重来派生未知的预测点。权重与样本点的拟合模型、距离预测点的距离和预测点周围样点的空间关系有关。当应用克里金方法在对样本点数量少或分布不均的区域进行插值时具有一定的优势。

图 6-15 是以位移监测点的覆盖区域为基础，对其某日期的位移监测值进行克里金插值得到的监测点覆盖范围内的面状位移分布云图。

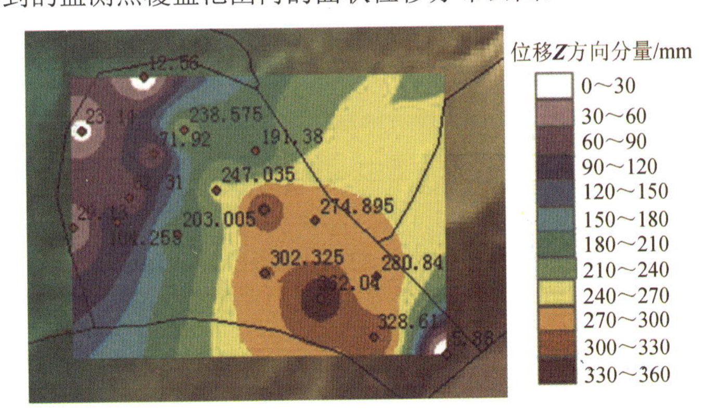

图 6-15　平面视图中的插值分析

滑坡监测中的其他离散的监测数据，如应力、应变、温度等，都可以采用插值方法动态获取其面状分布图，并与滑坡空间数据进行叠加，以更好地展示监测数据在空间中的分布特征。

工程人员习惯在断面中分析滑坡的变形特征，而在工程设计中，布置的监测断面是有限的。随着时间的推移，滑坡体内状态不断改变，在没有设计监测断面的位置也会成为滑坡变形的关键部位。但是，通过现场勘探获取断面信息，需要耗费大量的人力、物力和时间，而基于 GIS 的数字地形，如对地表及地层等栅格数据任意剖分，即可获取剖切处的断面图，大大减少了现场的工作量。断面图的生成原理是在平面中点击两点，分别作为断面线的起点和终点，然后通过程序读取栅格图层中位于剖切线上的栅格的高程，并以断面线的起点为原点，断面线上各点与起点之间的距离为 *X* 轴，高程为 *Y* 轴，绘制相应的断面图。图 6-16 为从平面视图中任意动态生成断面图的示意图。

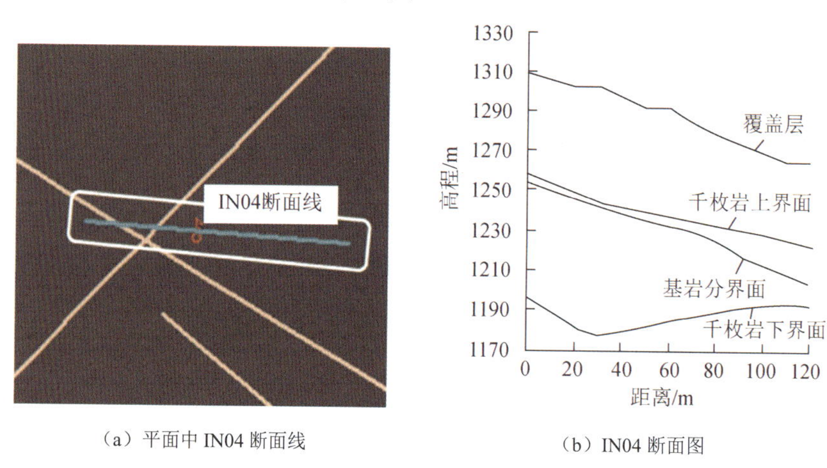

（a）平面中 IN04 断面线　　（b）IN04 断面图

图 6-16　从平面视图中任意动态生成断面图的示意图

3. 断面分析

断面分析是基于监测断面图对监测数据进行分析。断面视图中底图的来源有两种：一种是在工程监测设计中根据勘探资料绘制而成的断面图；另一种是在平面分析中动态生成的断面图。与三维分析和平面分析相同，在断面分析中，也可以实现空间对象和监测分析的一体化。为满足工程需求，本章也介绍监测数据在断面图中的图形化显示，主要考虑位移监测数据和监测值为高程值的监测数据的图形化表达。

地表位移、深部位移等位移监测数据采用箭头（或线段）来表达。箭头的起点为监测点本身，箭头的长度表示合位移相对大小在该平面上的投影，箭头的指向即为位移的倾角。图 6-17 显示了地表位移和深部位移在断面图中的图形化表达。从图 6-17 中可以看出，地表位移的分布特征，对于深部位移，可以直观地得到滑动面所在的地层位置。

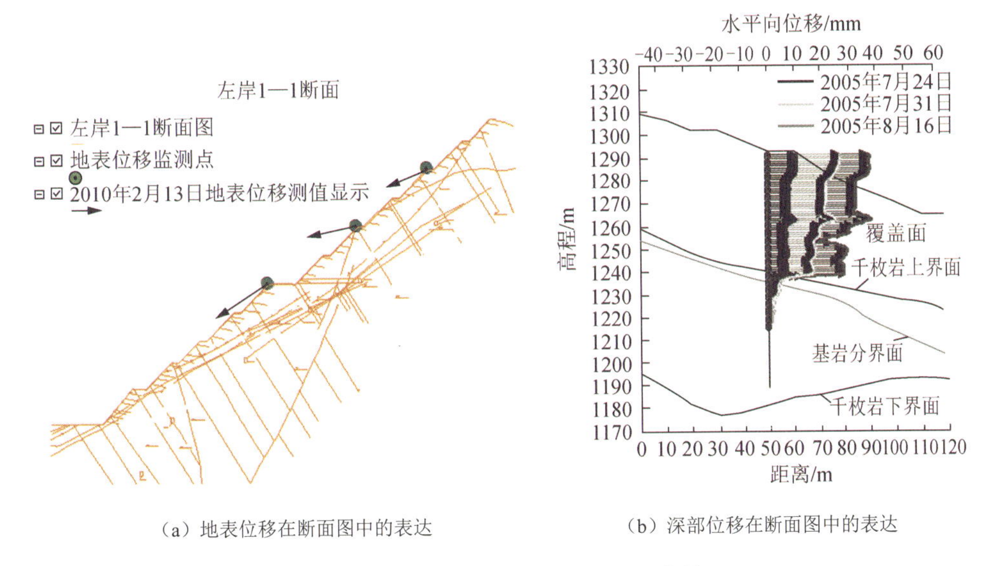

（a）地表位移在断面图中的表达　　（b）深部位移在断面图中的表达

图 6-17　位移在断面图中的图形化表达

4. 综合时空分析

以上均采用静态的方式展示监测数据在空间中的分布情况。由于监测数据是与时间相关的量，为了表达其同时在时间和空间尺度中的变化情况，本章基于时态 GIS 的思想，研究了监测数据的综合时空分析方法，即分析滑坡的空间变形随时间变化的特征；主要针对三维视图中的位移监测数据，实现其时空分布的动态演示，从而更加直观地展示监测数据随时空的变化情况。

图6-18显示了地表位移的综合时空分析动画中的关键帧。根据关键帧的数据，可以直观看到监测数据随时间的推移在空间中分布的变化情况。

图 6-18　地表位移综合时空可视化表达

6.2 滑坡位移空间评价方法

6.2.1 相对位移速率比方法研究

通过多点来判定滑坡体的变形情况，首先需要为多个点确定一个统一的指标。这个指标既要能反映每个点处的变形情况，且各个点之间又具有可比性，通过比较，便能直接判定各点的安全性态。由于滑坡体上各点均要经历初始变形、等速变形和加速变形直至破坏的过程，根据各点所处的变形阶段，就可以判定该点附近的变形情况，可以选取某一滑坡变形判据作为统一指标。

在滑坡持续变形的过程中，其上各点在各自的主滑动方向上的变形曲线如图 6-19 所示。图 6-19 中，累积位移-时间曲线存在一段非常明显的倾斜线段，斜率恒定，累积位移和时间呈线性关系，即变形速率相等，反映滑坡变形过程中的等速变形阶段。其余时段累积位移和时间呈非线性关系。对于滑坡体上的任一点来说，均要经历变形速率恒定的等速变形阶段，但由于所在空间位置及地质条件等的差别，各点的等速变形速率的大小有所差异。该速率的大小能够在一定程度上表征该点处滑体的变形能力。为了使各点具有可比性，可以通过将各点任意时刻的位移速率除以等速变形阶段的速率，使量纲归一化，这样即可得到一个无量纲的相对位移速率比值，既避免了绝对位移速率的片面性，又消除了量纲的影响。设滑坡体上某一点任意时刻在主滑动方向的相对位移速率比为ε_t，位移速率为V_t，等速变形阶段的速率为$\bar{V}$，则

$$\varepsilon_{\mathrm{t}}=\frac{V_{\mathrm{t}}}{\bar{V}} \tag{6-3}$$

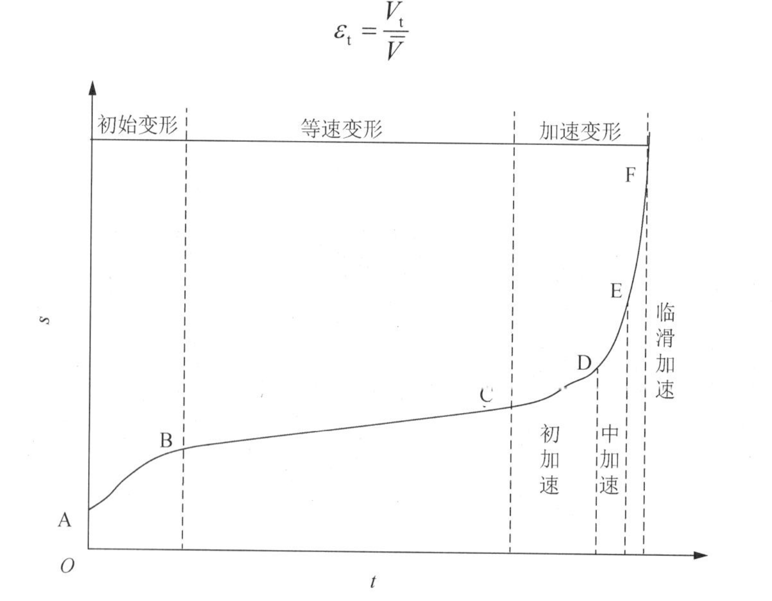

图 6-19　典型滑坡位移（s）-时间（t）曲线及其变形阶段划分

其中，V_{t}与位移变形曲线上各点的斜率成正比；$\bar{V}$与等速变形阶段的曲线斜率成正比。因此，当V_{t}处于等速变形阶段时，$\varepsilon_{\mathrm{t}} \approx 1$；当$V_{\mathrm{t}}$处于加速变形阶段时，$\varepsilon_{\mathrm{t}} > 1$；初始变形阶段，由于位移很小，不予考虑。在实际工程中，由于各种因素的影响，变形曲线会有一定的波动性。因此，对该判据做适当的修正，如下所述。

（1）当$0 \leqslant \varepsilon_{\mathrm{t}} \leqslant 2$时，该点处于等速变形阶段。

（2）当$\varepsilon_{\mathrm{t}} > 2$时，该点处于加速变形阶段。

综上所述，基于相对位移速率比指标，可以判定各点的变形阶段，且彼此之间具有可比性，因此相对位移速率比可作为滑坡空间变形状态评价的统一指标。相对位移速率比是一个表征各点加速变形程度的量值，其值越大，表明加速变形的趋势越明显，由此，便可定量地评价各点的加速变形程度。

由式（6-3）可知，准确确定滑坡的等速变形速率是计算相对位移速率比的关键。综上所述，位移是一个矢量，因此在计算等速变形速率之前，需要确定各点的主滑动方向。任一单点在各个时刻的位移方向基本恒定，对于主滑动方向以外的位移，需要计算其在该方向上的投影大小，设主滑方向的方向角为α，任一时刻的方向角为α_{t}，位移大小为$s_{\alpha_{\mathrm{t}}}$，则其在主滑方向上的投影大小s_{t}按式（6-4）计算，然后据此绘制主滑动方向上的累积位移-时间曲线。

$$s_{\mathrm{t}} = s_{\alpha_{\mathrm{t}}} \times \cos(\alpha_{\mathrm{t}} - \alpha) \tag{6-4}$$

理论上，等速变形阶段的速率应为一恒定值，但在实际工程中，由于外界因素及测量误差等的影响，等速变形阶段各个时刻的速率呈现波动性，但宏观上看表现为一恒定值。因此，将等速变形阶段各个时段变形速率的计算平均值作为等速变形速率$\bar{V}$，即

$$\bar{V} = \frac{1}{m}\sum_{i=1}^{m} V_i \tag{6-5}$$

式中：V_i为等速变形阶段内各个时间段的变形速率；m为监测次数。

滑坡监测的周期视各个工程及监测设备情况而定，一般是一个月一次，雨季会频繁监测，自动化监测仪器的监测周期约 10min/次。由于天气、人为等因素的影响，完全等时距的资料很难获得。根据监测对象及设备情况，等速变形速率可统一换算为 mm/天、mm/月等，以便于计算。当监测时间间隔相差较大时，可以采用线性拟合的方法进行计算。

综上所述，等速变形速率的计算步骤如下。

（1）各点主滑动方向的变形曲线的绘制。根据方向角分析结果，确定各点的主滑动方向，根据式（6-4）计算各点各个时刻在各自主滑动方向上的位移值，绘制变形曲线。

（2）确定等速变形区段。根据变形曲线的形态，结合滑坡宏观变形破坏迹象，筛选等速变形的区段。

（3）等速变形速率 $\bar{V}$ 的确定。根据式（6-5）计算等速变形速率 $\bar{V}$ 。

在实际的监测过程中，每个时刻所拥有的监测数据是不完整的，因此无法根据完整的变形曲线判定测点的变形阶段。

为此，本章给出简易的判定方法。

（1）对已有的监测数据进行分析，计算各个监测时段的位移速率及相邻时段位移速率的比值，当比值约等于 1 时，说明相邻两个时段为等速变形。

（2）结合滑坡的监测频率，可以规定当有 n 个连续时段均为等速变形时，即相邻位移速率比位于 0～2 时，认为该点进入等速变形阶段。

（3）对于后续的各点，以当前时刻之前、进入等速变形的时刻之后的各个时段的位移速率算术平方根作为等速变形速率，计算其相对位移速率比，当相对位移速率比为 0～2 时，说明该点仍处于等速变形阶段。当相对位移速率比大于 2 时，初步认为其进入加速变形阶段，当有 m 个连续时段的相对位移速率比持续大于 2 时，判定该点进入加速变形阶段。

以上 n 和 m 值，依据不同的滑坡变形情况及监测频率给定，如当监测频率约为 15 天/次时，设定 n=5（或 m=5），则表明当监测点处连续约 75 天为等速（加速）变形时，认为该点进入等速（加速）变形阶段。

本章收集了八个滑坡的关键点的监测资料。这八个滑坡分别为斋藤黏土滑坡模型、宝成铁路滑坡、天荒坪滑坡、鸡鸣寺滑坡、金川露天矿滑坡、大冶铁矿滑坡、黄茨滑坡、智利滑坡。这八个滑坡的地质条件、成因机制各异。根据各自的变形曲线，采用相对位移速率比的方法划分各个滑坡的变形阶段，并与工程中已有的判定结果进行对比分析，验证该方法的正确性和可行性。

由于工程的保密性，滑坡监测的真实资料不易获取。本章根据相关文献中的滑坡累积位移-时间曲线，采用等间距化量测的方法获取数据，绘制成以单位量值为坐标的位移（s）-时间（t）曲线。通过这种方法所得到的变形曲线和原始曲线的形态一致，由此原始曲线的信息不会被丢失，可以保证分析结果的准确性。

1）斋藤黏土滑坡模型

20 世纪 60 年代，日本学者斋藤在实验室里采用黏土滑坡模型进行试验研究，观测到均质土坡发展为滑坡的过程中的变形数据，并得到滑坡预报经验公式的曲线，即斋藤曲线。斋藤试验曲线是典型的滑坡累积位移 时间曲线，其 s-t 曲线如图 6-20 所示。

根据等间距量测的坐标值，计算 s-t 曲线上等速变形阶段速率 $\bar{V}$ 及各个坐标点处的相对位移速率比，绘制相对位移速率比（ε）-时间（t）曲线图，如图 6-21 所示，图（b）是图（a）的局部放大图。由图 6-21 可知，等速变形阶段的相对速率值基本位于 0～2 内。加速变形阶段，相对速率均大于 2，且以相对速率 6 和 8

为分界线，在此二值前后，相对速率明显增大，直至破坏。

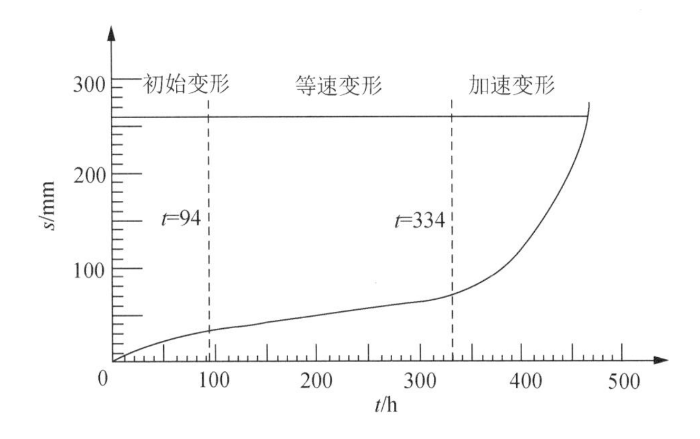

图 6-20　斋藤试验累积位移（s）-时间（t）曲线

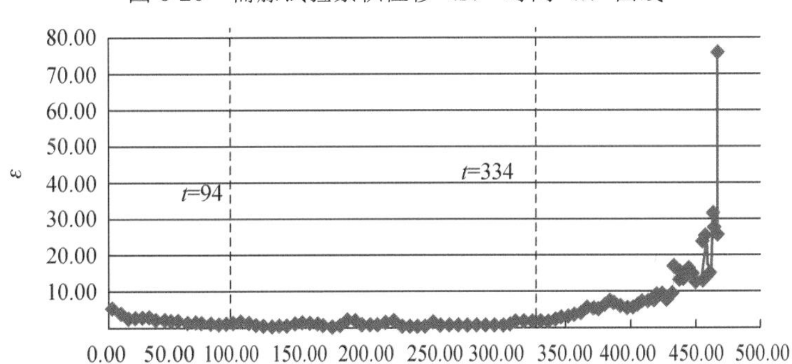

（a）完整的相对位移速率比(ε)-时间(t)曲线

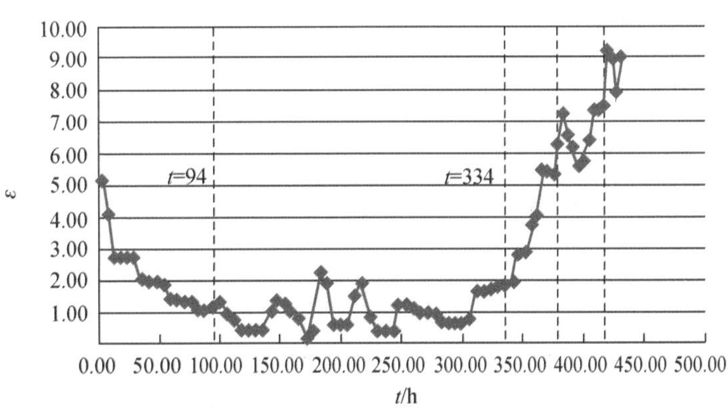

（b）局部放大后的相对位移速率比(ε)-时间(t)曲线

图 6-21　斋藤试验的相对位移速率比（ε）-时间（t）曲线

2）宝成铁路滑坡

宝成铁路是一条重要的山区铁路干线，其中有 60%左右的线路经过高山峡谷地带，沿线谷坡陡峭，沟壑深邃；褶皱断裂多、节理发育且风化破碎严重，发育有较多不良地质体。经工程勘查及监测得知，宝成铁路沿线至少分布有 12 个大型的堆积土滑坡。因受降雨的影响，这些滑坡变形呈现间歇性滑动的特征，雨季滑动速率增大，旱季减缓，甚至停止。图 6-22 和图 6-23 分别为某滑坡关键点的 s-t 曲线和 ε-t 曲线。可以看出，等速变形阶段相对位移速率比约等于 1，雨季时相对速率较大，但上下震荡幅度在 0～2；加速变形阶段，初期时相对位移速率比仍处于 0～2，随后大于 2，且以 6 和 8 作为分界线，前后变形速率明显增加。一般地，等速变形阶段和加速变形阶段初期没有很明确的分界线，短时的误差是允许的。

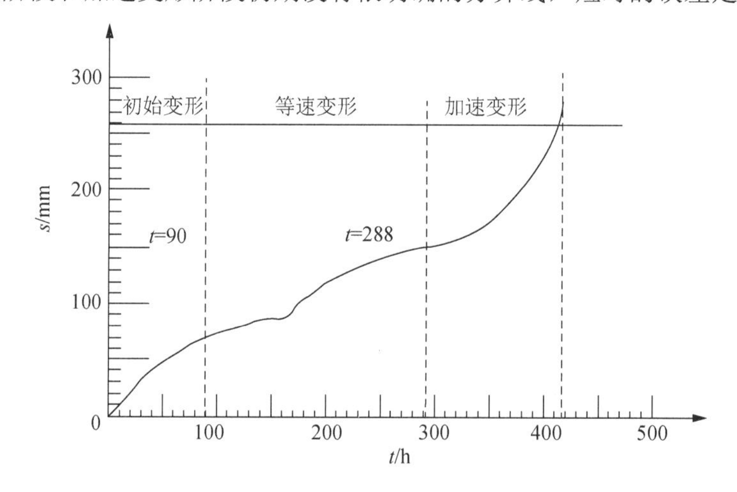

图 6-22　宝成铁路累积位移（s）-时间（t）曲线

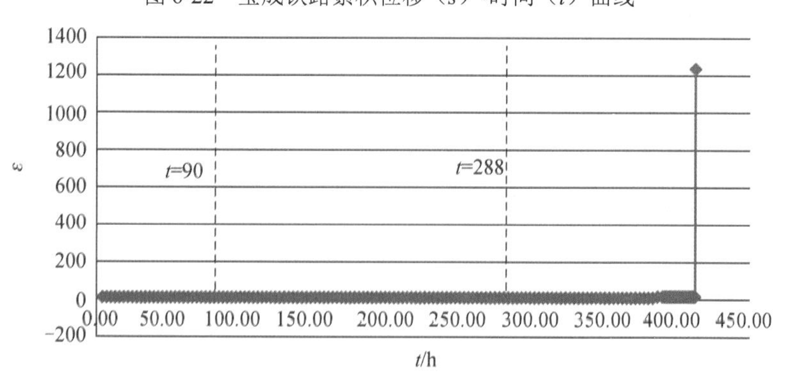

（a）完整的相对位移速率比(ε)-时间(t)曲线

图 6-23　宝成铁路相对位移速率比（ε）-时间（t）曲线

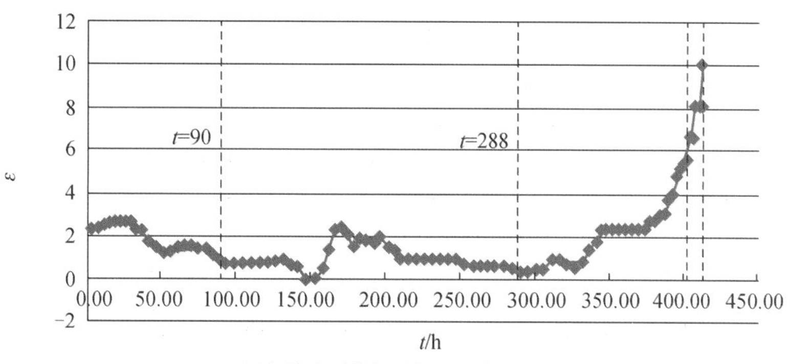

（b）局部放大后的相对位移速率比(ε)-时间(t)曲线

图 6-23（续）

3）天荒坪滑坡

天荒坪抽水蓄能电站的500 kV开关站布置在高程为500 m的上下库连接公路之下，场地均通过开挖陡峭的自然山坡形成。开关站Ⅱ区岩体被断裂节理等构造切割，呈楔形体。1996 年 1 月 1 日发现楔形体周边开裂，且发育有多条长达 30 m 以上的裂缝，因此为保证施工安全，开始对其进行连续监测。1996 年 3 月 10 日，楔形体发生整体滑动破坏。图 6-24 和图 6-25 分别为滑坡体上某裂缝 s-t 曲线和 ε-t 曲线。

该滑坡由于受到周期性因素的影响，变形速率呈现周期性变化特征。等速变形阶段，相对位移速率比处于 0～2。在加速阶段，没有表现出明显的初始加速、中加速阶段。在周期性降雨的影响下，发生了两次大的滑移，相对位移速率比大于 8，近似临滑特征，但并没有发生破坏，而是经历了几次大的滑移后，最终失稳。这表明，相对位移速率比等于 8，可以作为预警的指标，但是否发生破坏，还需要根据具体情况进行详细分析。

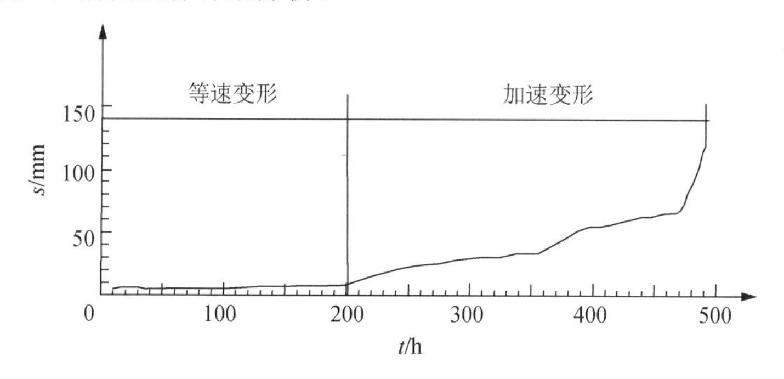

图 6-24　天荒坪开关站滑坡累积位移（s）-时间（t）曲线

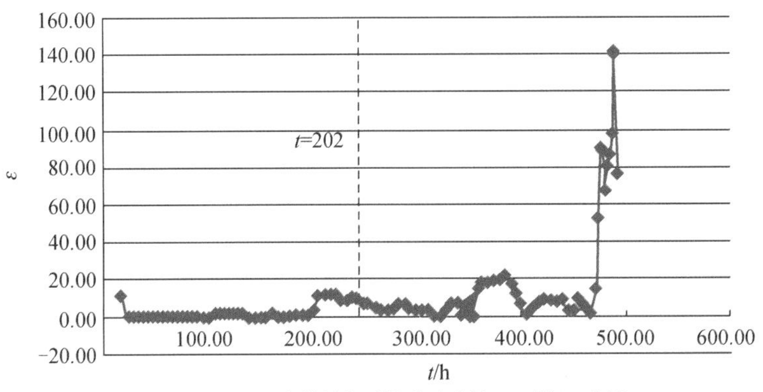

（a）完整的相对位移速率比(ε)-时间(t)曲线

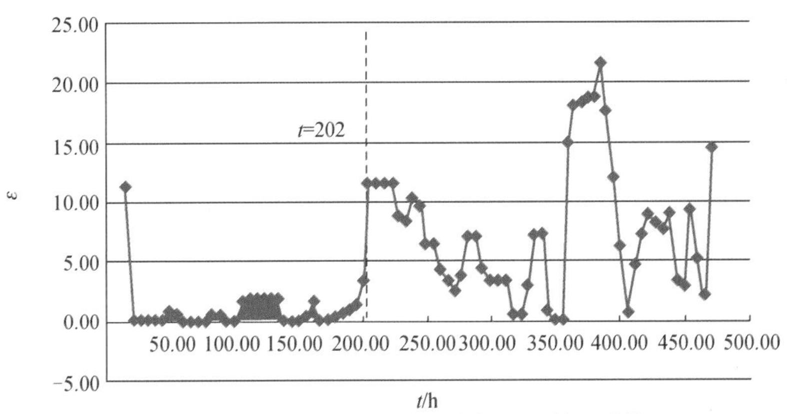

（b）局部放大后的相对位移速率比(ε)-时间(t)曲线

图 6-25　天荒坪滑坡相对位移速率比（ε）-时间（t）曲线

4）鸡鸣寺滑坡

鸡鸣寺滑坡是一次人为活动诱发的基岩滑坡。滑坡位于黄陵背斜西南翼大斜坡下段，坡顶至坡脚高差 1000 多 m，坡度在 35°～55°，平行于岩层面。由于建造水泥厂，人为开挖采石场，中坡脚高程约 300m 以下坡体临空，形成倾角达 70°以上的高陡边坡。该区位于鄂西暴雨区，5～7 月降雨居多。1990 年 3 月 5 日发现秭归县水泥厂的采石场上方有裂缝发育，并开始实施监测，历时 15 个月左右，于 1991 年雨季滑坡发生破坏。图 6-26 和图 6-27 分别为鸡鸣寺滑坡的 s-t 曲线和 ε-t 曲线，从中可以看出，等速变形阶段相对位移速率比为 0～2；加速变形阶段不具有明显的拐点，相对位移速率比基本成等加速度的加速趋势。

5）金川露天矿滑坡

金川露天矿位于甘肃省金昌市。矿区呈椭圆形，长约 1000m、宽约 600m，采坑四周边坡高 180～310m。矿区地质条件复杂，边坡失稳现象频繁发生。该区位于西北干旱地区，降雨集中在雨季，补给地下水，对边坡稳定不利。

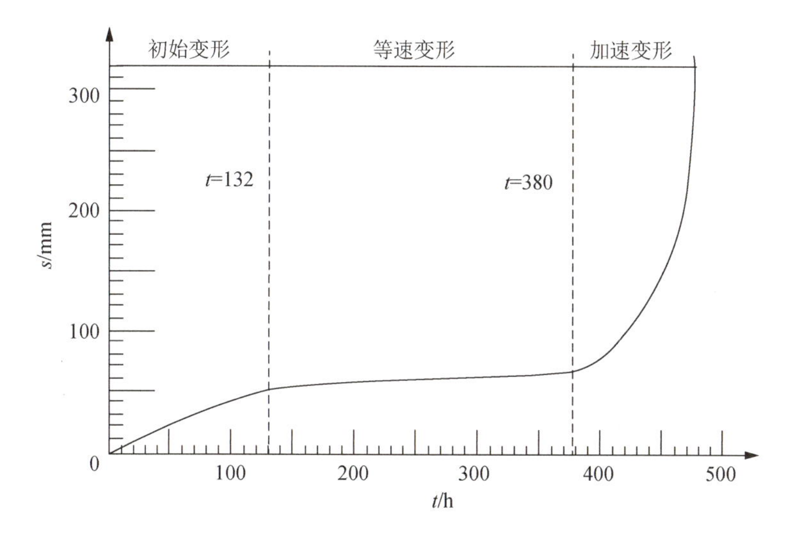

图 6-26　鸡鸣寺滑坡累积位移（s）-时间（t）曲线

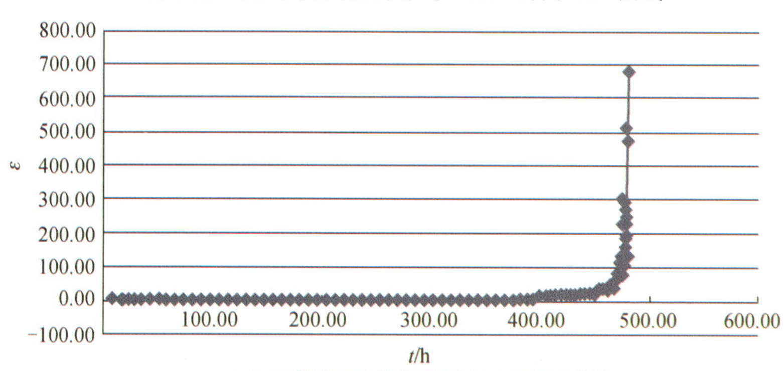

（a）完整的相对位移速率比(ε)-时间(t)曲线

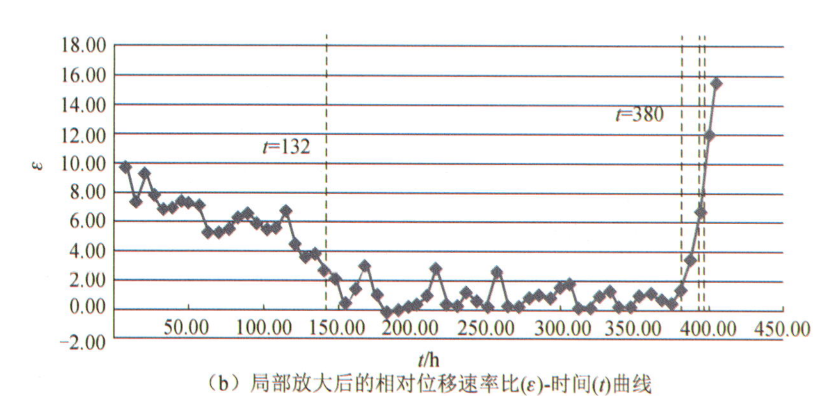

（b）局部放大后的相对位移速率比(ε)-时间(t)曲线

图 6-27　鸡鸣寺滑坡相对位移速率比（ε）-时间（t）曲线

采坑上盘西段的上盘西区滑坡坡顶高程 1830m，设计最低采深 1520m，高差约为 310m。该区段断裂构造发育，岩体破碎，自 1964 年坡体顶部出现裂缝至最终发生坍塌破坏共历时 17 年，经历了孕育、滑移倾倒体形成、倾倒逐次推移、倾倒区下部严重坍塌等四个阶段。图 6-28 和图 6-29 分别为金川露天矿滑坡的 s-t 曲线和 ε-t 曲线。

图 6-29 示出等速变形阶段相对位移速率比基本在 0～2 内；在加速变形阶段，当相对位移速率比大于 6 时会很快加速到 8，直至破坏。

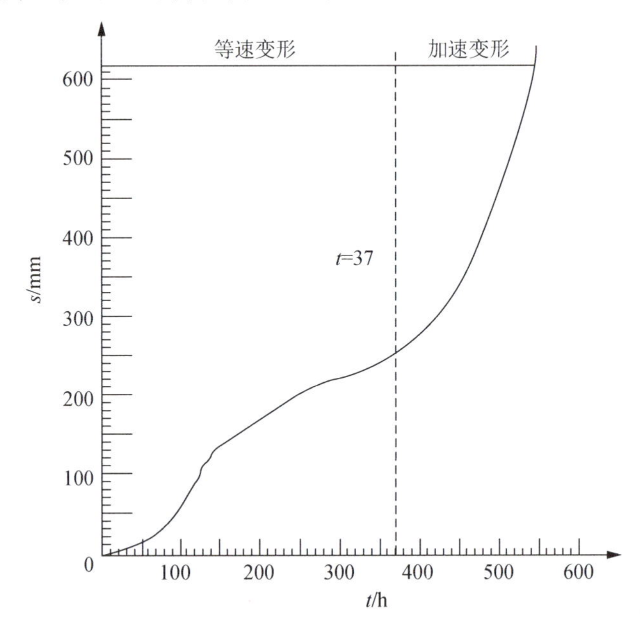

图 6-28　金川露天矿滑坡累积位移（s）-时间（t）曲线

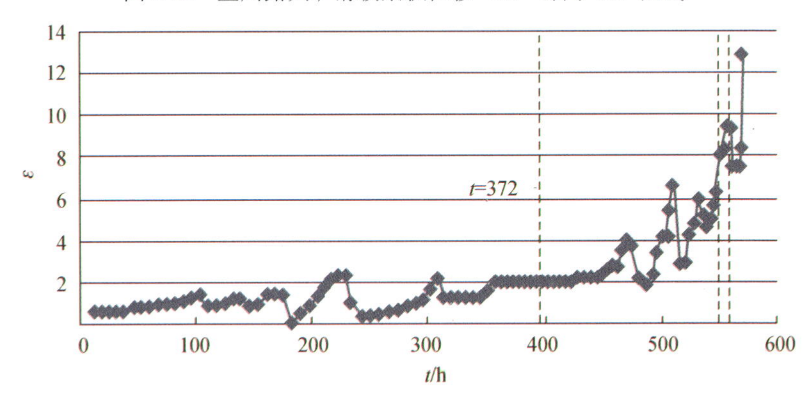

图 6-29　金川滑坡相对位移速率比（ε）-时间（t）曲线

6）大冶铁矿滑坡

湖北大冶铁矿是我国重要的铁矿石产地。由于人为开采，东露天采场内形成许多高陡岩质边坡，矿区滑坡事故频繁发生。东采场滑坡位于铁矿北帮 F25 断层上盘，断裂带内闪长岩体破碎，节理发育。降雨是边坡产生大位移变形的主要原因。雨季，边坡滑动速率显著增大；旱季，边坡位移减缓。图 6-30 和图 6-31 分别为大冶铁矿东采场滑坡的 s-t 曲线和 ε-t 曲线。

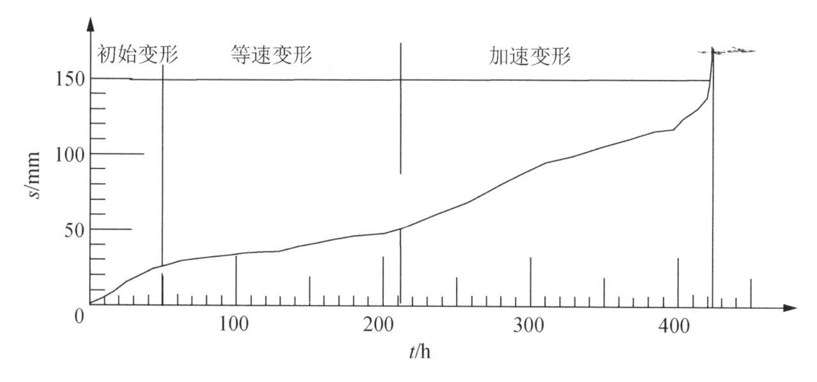

图 6-30　大冶铁矿滑坡累积位移（s）-时间（t）曲线

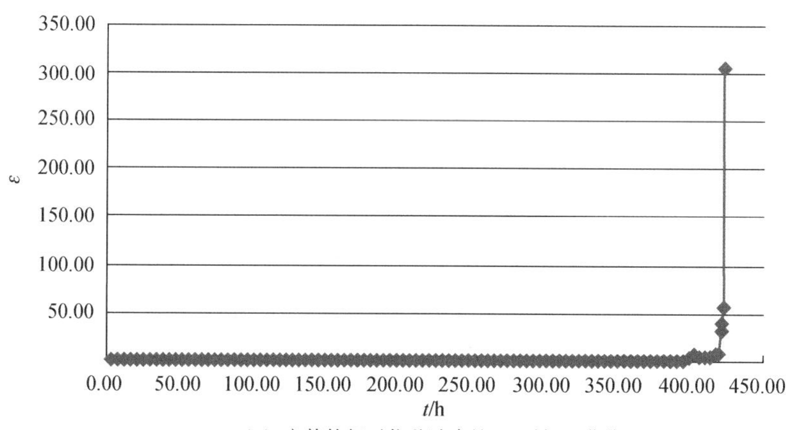

（a）完整的相对位移速率比(ε)-时间(t)曲线

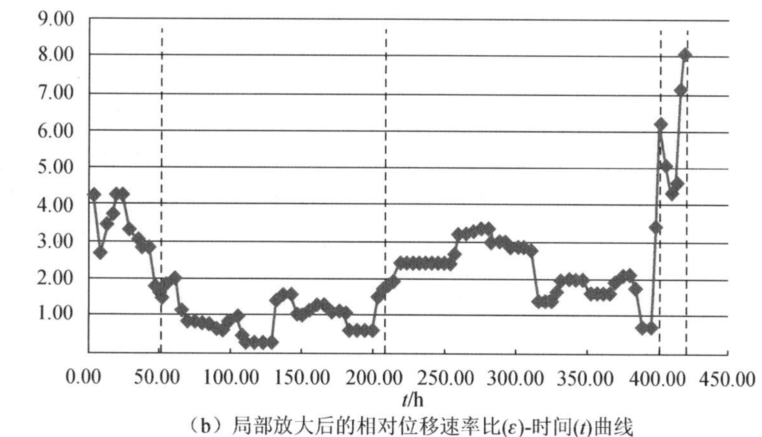

（b）局部放大后的相对位移速率比(ε)-时间(t)曲线

图 6-31　大冶铁矿滑坡相对位移速率比（ε）-时间（t）曲线

从图 6-31 中可以看出，等速变形阶段相对位移速率比在 0～2；加速变形阶段，当相对位移速率比大于 6 时，相对位移速率比明显增大，相对位移速率比大于 8 之后，坡体发生破坏。

7）黄茨滑坡

黄茨滑坡位于甘肃省永靖县盐锅峡镇黄茨村，黄河四级阶地构成的黑方台的南缘，属于典型的黄土-泥岩顺层滑坡，滑动面基本贯通，规模巨大。大量的农田提水灌溉是黄茨滑坡的主要诱发因素。

黄茨滑坡从开始监测至下滑的 s-t 曲线和 ε-t 曲线分别如图 6-32 和图 6-33 所示。

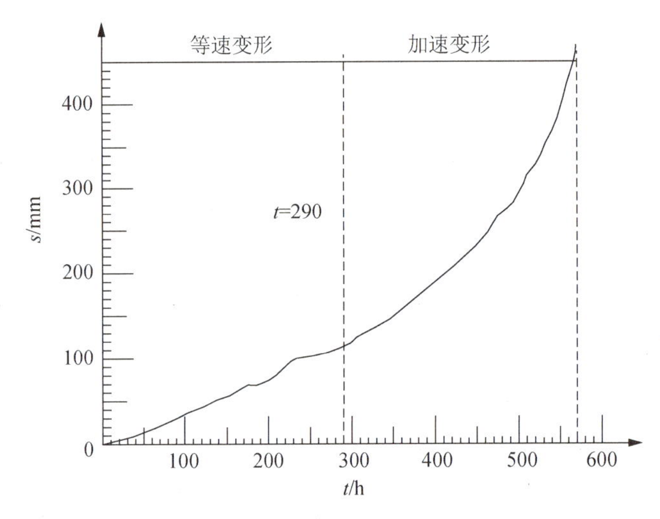

图 6-32　黄茨滑坡累积位移（s）-时间（t）曲线

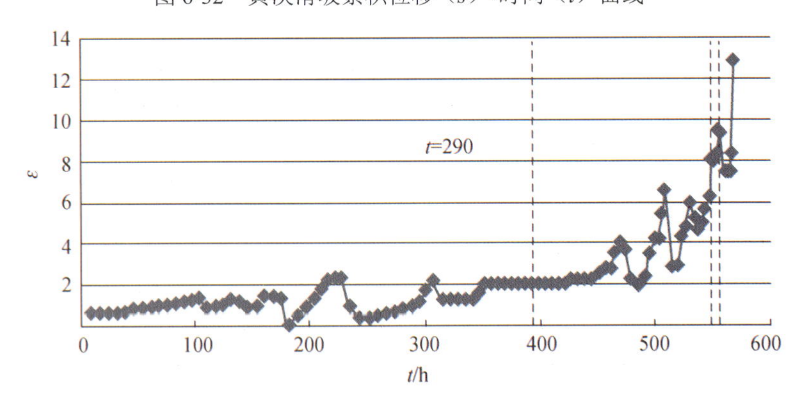

图 6-33　黄茨滑坡相对位移速率比（ε）-时间（t）曲线

从图 6-33 中可以看出，等速变形阶段，相对位移速率比在 0～2；加速变形阶段，相对位移速率比 6 和 10 前后变形情况发生明显增大，直至破坏。

8）智利滑坡

智利露采边坡的 s-t 曲线及 ε-t 曲线分别如图 6-34 和图 6-35 和所示。

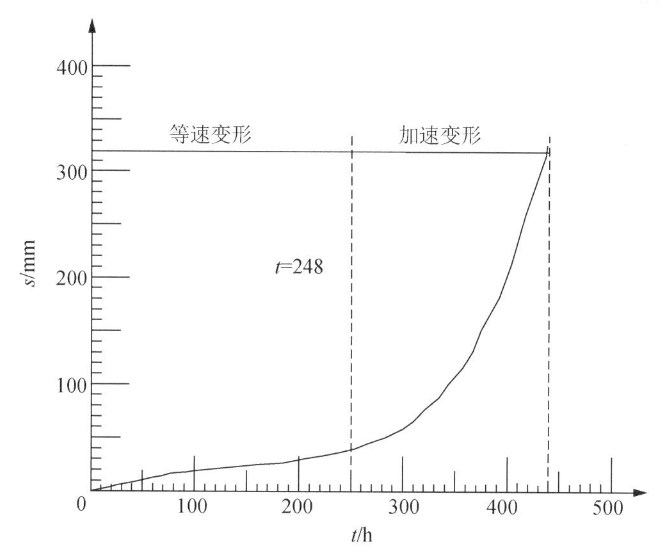

图 6-34　智利露采边坡累积位移（s）-时间（t）曲线

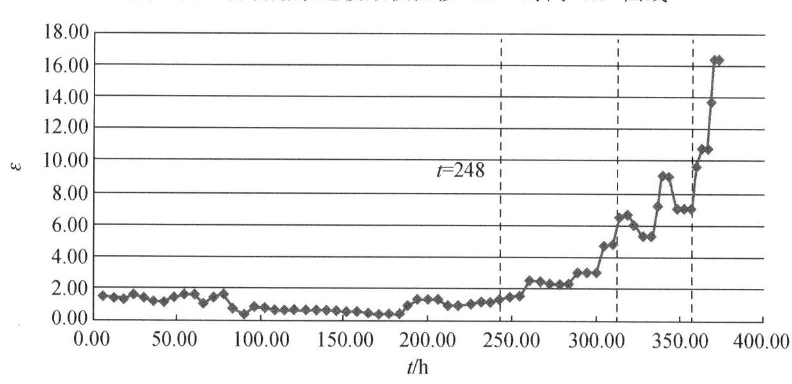

图 6-35　智利滑坡相对位移速率比（ε）-时间（t）曲线

通过对以上八个滑坡实例的分析表明，采用相对变形速率法来作为滑坡变形阶段判定的依据是合理且可行的。

对上面八个滑坡的关键点的相对位移速率比-时间曲线进行仔细分析，发现：滑坡从进入加速变形阶段到最终下滑时，相对位移速率比等于 6 和 8 是两个非常关键的指标。相对位移速率比大于 6 之后，滑坡变形呈现急速发展趋势，比之前变形要快得多，经历很短的时间，相对位移速率比增长至 8，然后曲线近似呈垂直形态，表明滑坡变形急剧加速，直至下滑。临滑前，相对位移速率比均在 8 以上。从相对位移速率比-时间曲线可以看出，滑坡相对变形速率在 8 之后，至下滑时，其间时间很短，因此相对速率等于 8 具有较重要的预警意义。

根据以上分析，本章提出：在滑坡相对位移速率比 $\varepsilon_t>2$ 之后，滑坡体进入了加速变形阶段，对加速变形阶段可再作进一步细分。

（1）$2<\varepsilon_t\leqslant 6$ 为初加速阶段。

（2）$6<\varepsilon_t\leqslant 8$ 为中加速阶段。

（3）$\varepsilon_t>8$ 为临滑阶段。

以上分析说明，相对位移速率比可以表征每个点处的变形情况，比较两点任意时刻的相对位移速率比，即可得出该两点的变形差异。因此，选择相对位移速率比作为多点综合评价和预测滑坡体的指标是合理的。

6.2.2 滑坡位移空间评价方法

1. 相对位移速率比分布图

工程监测中，位移监测点的布置力求突出重点、兼顾一般。重点监测的部位为地质条件差、变形大、可能产生破坏的部位，如滑坡的前缘、后缘、断层、裂缝和地质分界线等处。在滑坡体上其他部位，根据监测网的情况应均匀设定，以做到全面监测、重点突出。

基于这些监测点，能够定时获取滑坡变形的相关资料。采用 6.2.1 节中讲述的相对位移速率比的计算方法，求得各个点的相对位移速率比值。相对位移速率比是一个表征岩土体加速变形程度的量值。那么，根据各点的相对位移速率比值，便能迅速地判定其变形情况，进而基于这些离散的信息获取滑坡的连续变形特征，将更具有实际价值。

在 6.1.2 节介绍的平面分析中，我们通过对空间离散点的监测数据进行插值得到了监测量在空间中的连续分布，并采用可视化分布云图进行直观展示。那么，采用同样的方法，可以得到相对位移速率比的连续的面状分布云图，并与滑坡的综合信息模型进行叠加，以便更直观、准确地掌握滑坡的整体变形情况。

图 6-36 分别显示了某滑坡的累积位移和相对位移速率比分布图。从图 6-36 中可以看出，累积位移分布和相对位移速率比分布并不完全一致，尤其是在滑坡后缘两侧部分，尽管累积位移比较小，但其相对位移速率比与前缘累积位移较大的地方的相对位移速率比处于同等级别；而相对位移速率比表征滑坡的加速变形程度更能反映滑坡的稳定状态。这表明累积位移小的地方，未必就比位移大的地方更稳定，也可能在发生持续加速变形后先于大变形处发生局部破坏。因此，研究相对位移速率比的分布特征对判定滑坡的稳定状态具有更重要的意义。

2. 相对位移速率比分级图

在 6.2.1 节中给出了依据相对位移速率比判定监测点处岩土体变形阶段的定

量标准，即$0 < \varepsilon_{\mathrm{t}} \leqslant 2$时，为等速变形阶段；$2 < \varepsilon_{\mathrm{t}} \leqslant 6$，为初加速阶段；$6 < \varepsilon_{\mathrm{t}} \leqslant 8$，为中加速阶段；$\varepsilon_{\mathrm{t}} > 8$时，为临滑阶段。对离散监测点的相对位移速率比插值获取的分布图在显示时，值域分级是随机的，主要表达滑坡整体的变形情况。

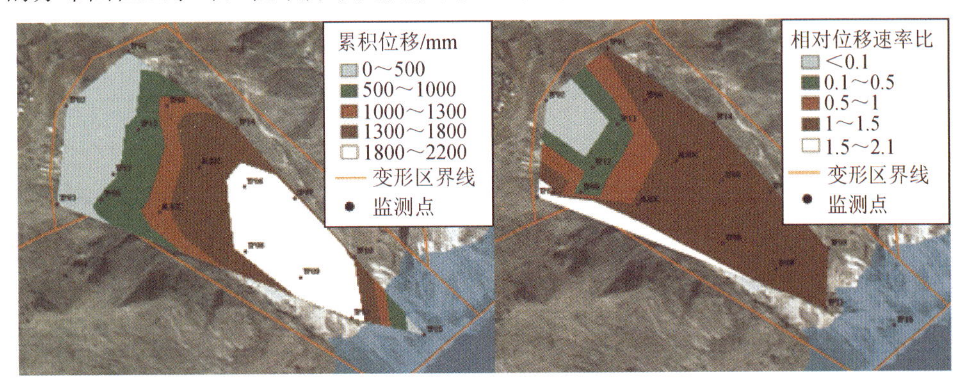

（a）累积位移分布图　　（b）相对位移速率比分布图

图 6-36　某滑坡累积位移和相对位移速率比分布图

为了快速获取滑坡空间各个区域岩土体的变形状态信息，可以依据相对位移速率比划分变形阶段的标准对分布图进行分级显示。对应于以上四个区段，分别以蓝色、黄色、橙色、红色予以标识。这样，可以更直观地看出滑坡体上各区域所处的变形阶段。

图 6-37 为某滑坡的相对位移速率比分布图及分级图。蓝色表示等速变形的区域，分布于坡体的大部分区域，范围较广。黄色表示初始加速变形的区域，仅坡趾处有进入加速变形的迹象。绿色区域相对位移速率比小于 0，表明该区域变形趋势与之前趋势相反，因此其应该对滑坡稳定性有利。通过对分级图的分析，可以确定发生加速变形的区域，为工程人员实施进一步的调查和处理提供必要的参考。

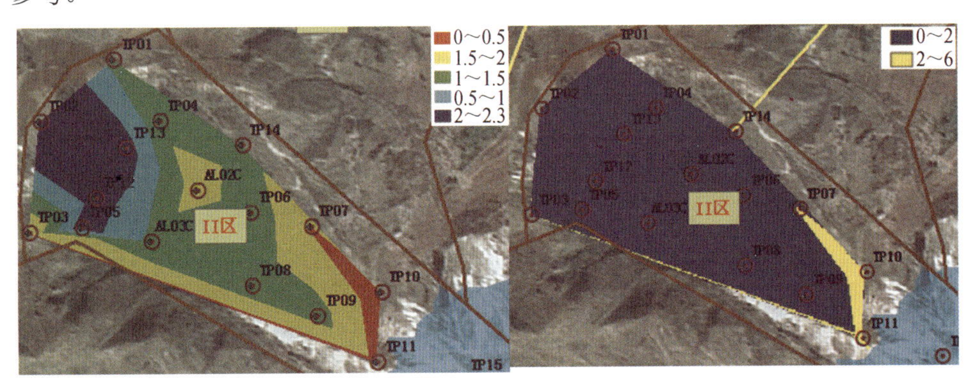

（a）相对位移速率比分布图　　（b）相对位移速率比分级图

图 6-37　某滑坡的相对位移速率比分布图及分级图

3. 空间变形评价

相对位移速率比分布图能够表现滑坡体上加速变形程度的连续分布，分级图则更直观地反映了其上各个区域所处的变形阶段。结合滑坡变形各个阶段的宏观迹象特征，可以对整个滑坡体的变形做出定性的评价。

在相对位移速率比分级图中，蓝色区域表示滑坡体上处于等速变形的区域，宏观上有变形迹象，一年内发生局部滑动的可能性不大。黄色区域为初始加速变形，该区域具有明显的变形特征，在数月内或一年内发生局部滑动的概率较大。橙色区域为中加速变形，滑坡体上会出现局部破坏的宏观前兆特征，在几天内或数月内发生破坏的概率大。红色区域为临滑加速变形，各种临滑前兆特征显著，在数小时或数周内发生滑动的概率很大。因此，对于分级图中的橙色及红色区域，工程人员需要将其作为重点对象进行地质调查和巡检，以便及时查明发生加速变形的原因，提前采取预防措施。

单张分布图或分级图仅能表示某一时间段（一个监测周期）内滑坡加速变形的特征，分析连续多个时间段内的分布图或分级图的变化特征，能够更全面地掌握滑坡变形随时空的变化特征。

针对两张连续时段的相对位移速率比分布图，对比分析同一点在两张图中的相对位移速率比大小，会出现以下三种情形，即①当同一点处相对位移速率比增大时，表明该点加速度大于 0，为加速变形趋势；②当同一点处相对位移速率比减小时，则表明这段时间内该点处变形加速度小于 0；③当位移速率基本不变时，表明这两个时间段为等速变形。结合对应的相对位移速率比分级图，当位于等速变形区域内的测点的相对位移速率比大于 1 且表现为加速变形时，该点变形有向加速变形阶段发展的趋势。对位于加速变形区域内的点，整体上应表现为加速变形趋势，当相对位移速率比相差较大时，表明该点处发生较大变形，需要引起注意。

以上探讨了同一点处的相对位移速率比的变化所反映的滑坡的宏观变形特征，对比分析滑坡体上各点的相对位移速率比在连续时段的分布图中的变化情况，即可判定滑坡的空间变形随时间的变化特征。然而，由于滑坡体上的点数众多，简单的人工比对势必费时费力。考虑到相对位移速率比分布图或分级图均是栅格数据，而栅格数据最大的优势就是进行空间分析。因此，可以应用 GIS 的空间分析技术对连续的两幅相对位移速率比分布图进行差分，即各对应栅格的属性相减，得到空间中连续的相对位移速率比差分结果，同样以图形化的方式进行展示。根据差分结果，可以快速直观地分析评价滑坡体的空间变形随时间的变化特征，即滑坡体的加速变形情况分布，以便更好地辅助工程决策。

图 6-38 为某滑坡雨季初和雨季中相对位移速率比分布图及其差分结果。从图 6-38 中可以看出：如图 6-38（a）所示，雨季初相对位移速率比分布由前缘至

后缘逐渐减小。如图 6-38（b）所示，雨季中出现三个相对位移速率比较大的局部区域，说明雨季期间，这三处变形速率较大，易发生滑动，也表明这三处对降雨影响较敏感。差分结果表征两个连续时段内坡体加速的情况，如图 6-38（c）所示，出现三个差值较高的局部区域，表明从雨季初到雨季中，这三处位移的加速度最高，即为变形加速最快的区域。

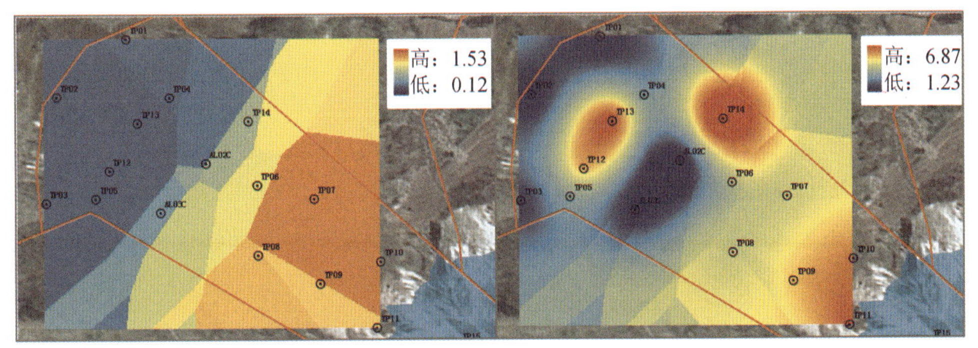

（a）雨季初相对位移速率比分布图　　（b）雨季中相对位移速率比分布图

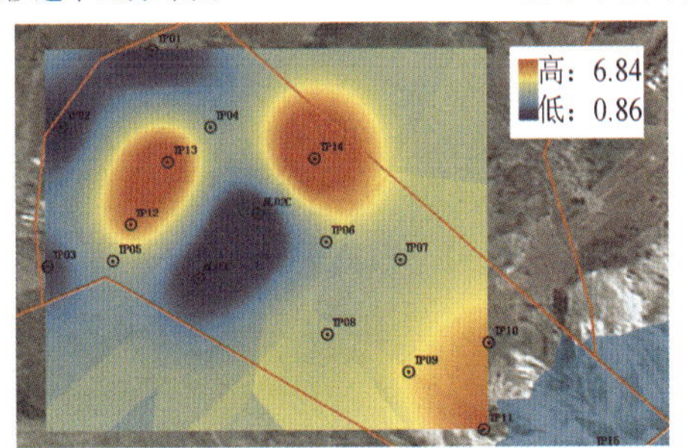

（c）雨季初和雨季中相对位移速率比分布图的差分结果

图 6-38　雨季相对位移速率比分布图及其差分结果

采用同样的方法对连续时间的相对位移速率比分布图进行分析，即可得到滑坡随时空的变化特征。对滑坡进行空间评价能够从整体上把握滑坡的变形及滑动变化特征。采用相对位移速率比指标，深层次挖掘位移监测资料潜在的信息，可以对滑坡进行更加深入和科学的评价。

6.3　滑坡综合时空安全预测

滑坡单点监测数据的预测模型众多，比较典型的有灰色模型、曲线回归模型、BP 神经网络模型、模糊智能预测模型及其组合模型等。这些方法的预测精度不断提高，对单点的预测精度已经能够满足工程要求，但由于单点预测模型的局限性，应用这些模型进行成功预报的实例还很少。

本章基于多点空间预测的思想，结合已有监测数据预测模型，应用相对位移速率比分析方法，研究基于相对位移速率比的滑坡时空综合预测方法。

6.3.1　滑坡综合时空预测方法

滑坡综合时空预测方法的总体思路如下。

（1）根据各个测点的已知的监测数据，基于宏观变形迹象并结合相对位移速率比标准分别判定各个测点附近坡体所处的变形阶段，据此计算该点的等速变形速率的算术平方根$\bar{V}$。

① 当为等速变形阶段时，确定等速变形阶段的起始时刻，计算起始时刻至最新监测时刻之间等速变形速率的算术平方根$\bar{V}$。

② 当为加速变形阶段时，确定等速变形阶段的起始时刻和结束时刻，并计算该时段内等速变形速率的算术平方根$\bar{V}$。

（2）根据各个测点所处的变形阶段及滑坡体的实际特征，选择合适的预测模型对各点未来某一时刻的累积位移进行预测，得到各点的预测值，并计算其位移速率V_t及相对位移速率比ε_t。

（3）基于各点相对位移速率比值，根据 6.2.1 节的方法，生成预测时刻的相对位移速率比的空间分布图及分级图，从而对预测时刻的滑坡空间变形情况进行预测。

（4）根据 6.2 节介绍的空间评价方法，生成几个关键时刻的相对位移速率比分布图或分级图，对比分析相对位移速率比的变化过程。

图 6-39 显示了滑坡综合时空预测方法的流程图。

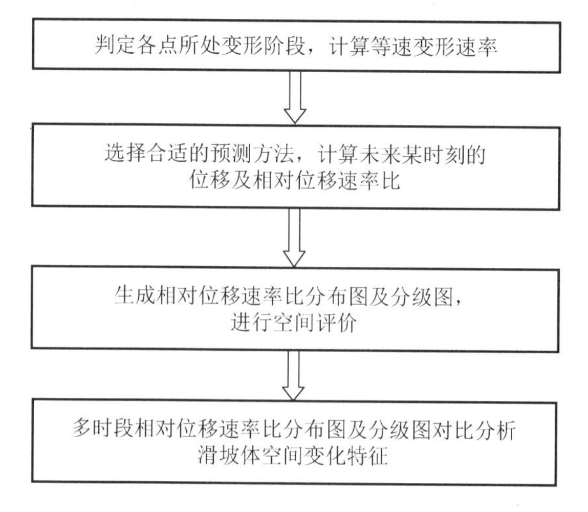

图 6-39　滑坡综合时空预测方法流程图

采用该方法进行滑坡预测，充分考虑了各点位移对滑坡整体变形的影响，对以往单点预测做了很好的补充。从其计算流程上来看，选择合适的预测模型对预测结果的准确性将起到重要的作用。滑坡预测模型众多，结合工程实际选择合适的预测模型，以便得到高精度的预测结果。

本章仅以建模参数少、结构简单的不等时距灰色模型和多项式回归模型为例，说明该方法流程的可行性。若要得到更高精度的预测结果，还需要选用较高精度的时间预测模型。

6.3.2　不等时距灰色 GM（1,1）预测模型

滑坡的稳定状况受诸多因素的影响，如应力、地质条件、降雨、地下水位等。在其演化的过程中，部分信息是已知的，如监测位移、降雨等，但还存在诸多不可观测的因素，因此滑坡是一个典型的灰色系统，可以采用灰色系统理论来进行失稳预测。

灰色 GM（1,1）模型能够根据“小样本、贫信息”进行快速建模，过程简单，且能够得到理想的预测结果。该模型主要针对等时距的监测序列进行建模，在工程实际中，完全等时距的信息很难获得，因此基于不等时距的监测数据进行预测意义重大。构造逼近曲线的不等时距灰色预测模型建模简单，预测精度可以满足工程要求。下面对不等时距灰色 GM（1,1）模型的基本原理及建模给予简单介绍。

为了消除仪器、人为等随机因素的影响，灰色 GM（1,1）模型对原始数据序列的一次累加生成序列进行建模，然后通过累减生成得到原始数据序列的预测模型，其建模过程如下。

设等时距的原始数据序列

$$x^{(0)}=(x^{(0)}(1),x^{(0)}(2),\cdots,x^{(0)}(k))$$

累加生成后得

$$x^{(1)}=(x^{(1)}(1),x^{(1)}(2),\cdots,x^{(1)}(k))$$

$$x^{(1)}(k)=\sum_{i=1}^{k}x^{(0)}(i)$$

对序列 $x^{(1)}$ 建立白化微分方程，即

$$\frac{\mathrm{d}x^{(1)}(t)}{\mathrm{d}t}+ax^{(1)}(t)=b \tag{6-6}$$

则采用最小二乘法计算，得

$$\hat{\boldsymbol{\alpha}}=(\boldsymbol{B}^{\mathrm{T}}\boldsymbol{B})^{-1}\boldsymbol{B}^{\mathrm{T}}\boldsymbol{Y}_n$$

其中

$$\boldsymbol{B}=\begin{bmatrix} -0.5[x^{(1)}(2)-x^{(1)}(1)] & 1 \\ -0.5[x^{(1)}(3)-x^{(1)}(2)] & 1 \\ \vdots & \vdots \\ -0.5[x^{(1)}(n)-x^{(1)}(n-1)] & 1 \end{bmatrix},\qquad \boldsymbol{Y}_n=\begin{bmatrix} x^{(0)}(2) \\ x^{(0)}(3) \\ \vdots \\ x^{(0)}(n) \end{bmatrix},$$

$$\hat{\boldsymbol{\alpha}}=\begin{bmatrix} a \\ b \end{bmatrix}$$

将 $\hat{\boldsymbol{\alpha}}$ 代入式（6-6），并取 $x^{(1)}(0)=x^{(0)}(1)$，得灰微分方程的解

$$\hat{x}^{(1)}(k+1)=\left(x^{(0)}(1)-\frac{b}{a}\right)\mathrm{e}^{-ak}+\frac{b}{a} \tag{6-7}$$

对 $\hat{x}^{(1)}(k+1)$ 做一次累减生成，还原

$$\hat{x}^{(0)}(k+1)=\hat{x}^{(1)}(k+1)-\hat{x}^{(1)}(k)=(1-\mathrm{e}^{a})\left(x^{(0)}(1)-\frac{b}{a}\right)\mathrm{e}^{-ak} \tag{6-8}$$

式（6-7）和式（6-8）即为GM（1,1）模型进行灰色位移预测的基本计算公式。

以上模型针对等时距的数据序列进行建模。对不等时距预测模型，假设与此对应的等时距的原始数据是客观存在的，只是因一些数据缺失而出现了不等时距的数据序列。因此，对于式（6-7），令 $c=x^{(0)}(1)-\frac{b}{a}$，则

$$\hat{x}^{(1)}(k+1)=c\mathrm{e}^{-ak}+\frac{b}{a}$$

一次累减还原后原始数据时间响应函数为

$$\begin{aligned}\hat{x}^{(0)}(k+1)&=\hat{x}^{(0)}(k+1)-\hat{x}^{(0)}(k)\\&=\left(c\mathrm{e}^{-ak}+\frac{b}{a}\right)-\left(c\mathrm{e}^{-a(k-1)}+\frac{b}{a}\right)\\&=c(1-\mathrm{e}^{a})\mathrm{e}^{-ak}\qquad k=1,2,\cdots,n-1\end{aligned}$$

设不等时距序列的初始时间序列值为 0，时间序列 $T^{(0)}(i)=\{0,t_2,t_3,\cdots,t_m\}$，则

$$\hat{x}^{(0)}(t_i)=c(1-\mathrm{e}^{a})\mathrm{e}^{-at_i}\qquad t_i=t_2,t_3,\cdots,t_m \tag{6-9}$$

式中：m 为原始数据列个数。

不等时距灰色预测模型的基本计算公式为式（6-9）。应用已知时间序列计算参数 c 和 a。将原始数据序列代入式（6-9），得到近似方程组为

$$\begin{cases} x^{(0)}(t_2)\approx\hat{x}^{(0)}(t_2)=c(1-\mathrm{e}^{a})\mathrm{e}^{-at_2} \\ x^{(0)}(t_3)\approx\hat{x}^{(0)}(t_3)=c(1-\mathrm{e}^{a})\mathrm{e}^{-at_3} \\ \qquad\vdots \\ x^{(0)}(t_m)\approx\hat{x}^{(0)}(t_m)=c(1-\mathrm{e}^{a})\mathrm{e}^{-at_m} \end{cases} \tag{6-10}$$

求解方程组（6-10）中任意两个方程构成的方程组，即

$$\begin{cases} x^{(0)}(t_i) \approx \hat{x}^{(0)}(t_i) = c(1-\mathrm{e}^{a})\mathrm{e}^{-at_i} \\ x^{(0)}(t_j) \approx \hat{x}^{(0)}(t_j) = c(1-\mathrm{e}^{a})\mathrm{e}^{-at_j} \end{cases}$$

解得

$$a_{i,j} = \frac{1}{t_i - t_j} \ln \frac{x^{(0)}(t_j)}{x^{(0)}(t_i)}$$

由式（6-10）可以构成 C_{m-1}^2 个方程组，取各个方程组解的平均值作为 a 的解，即

$$\hat{a} = \overline{a} = \frac{1}{C_{m-1}^2} \sum_{i=2}^{m-1} \sum_{j=i+1}^{m} a_{i,j} \tag{6-11}$$

将式（6-11）代入方程组（6-10），通过每个方程可以求出一个 c 值。取 $m-1$ 个 c 值的平均值作为 c 的解，即

$$\hat{c} = \overline{c} = \frac{1}{m-1} \sum_{i=2}^{m} c_i \tag{6-12}$$

然后将式（6-11）和式（6-12）中的 $\hat{a}$ 和 $\hat{c}$ 值代入方程（6-9），便可得到不等时距灰色预测模型

$$\hat{x}^{(0)}(t_i) = \hat{c}(1-\mathrm{e}^{\hat{a}})\mathrm{e}^{-\hat{a}t_i} \tag{6-13}$$

从该模型的建模方法可以看出，仅需要 3 个时序数据，就可以进行灰色建模及预测。灰色模型为指数函数，在进行位移预测时，短期预测精度可以满足工程要求，若要进行长期预测，则需要对模型做必要的修正。

6.3.3　多项式回归模型

多项式回归是采用多项式函数表达式来拟合自变量和因变量之间的函数关系，并基于此函数和自变量的变化，来预测因变量的变化情况。本节利用多项式回归方法，建立滑坡的监测量与时间之间的数学模型，以期利用此模型去进一步预测滑坡的变形趋势。

从给定的一组时序数据 $(t_i, y_i)(i=0,\ 1,\ 2,\ \cdots,\ m)$ 出发，寻求一个近似的多项式表达式 $y = p(t) = \sum_{k=0}^{n} a_k t^k$，使得误差 $r_i = p(t_i) - y_i (i=0,\ 1,\ 2,\ \cdots,\ m)$ 的平方和最小，即

$$I = \sum_{i=0}^{m} r_i^2 = \sum_{i=0}^{m} (p(t_i) - y_i)^2 = \sum_{i=0}^{m} \left(\sum_{k=0}^{n} a_k t^k - y_i \right)^2 = \min \quad i=0,\ 1,\ 2,\ \cdots,\ m; n \leqslant m$$

显然，I 是 a_0，a_1，a_2，$\cdots$，a_n 的多元函数。由此转换为求 $I = I(a_0,\ a_1,\ a_2, \cdots,\ a_n)$ 的极值问题。由多元函数求极值的必要条件，得

$$\frac{\partial I}{\partial a_j} = 2\sum_{i=0}^{m}\left(\sum_{k=0}^{n} a_k t_i^k - y_i\right)t_i^j \quad j = 0,\ 1,\ 2,\ \cdots,\ n$$

即

$$\sum_{k=0}^{n}\left(\sum_{i=0}^{m} t_i^{k+j}\right)a_k = \sum_{i=0}^{m} y_i t_i^j \quad j = 0,\ 1,\ 2,\ \cdots,\ n$$

上式为a_0，a_1，a_2，…，a_n的线性方程组，用矩阵表示为

$$\begin{bmatrix} m+1 & \sum_{i=0}^{m} t_i & \cdots & \sum_{i=0}^{m} t_i^n \\ \sum_{i=0}^{m} t_i & \sum_{i=0}^{m} t_i^2 & \cdots & \sum_{i=0}^{m} t_i^{n+1} \\ \vdots & \vdots & & \vdots \\ \sum_{i=0}^{m} t_i^n & \sum_{i=0}^{m} t_i^{n+1} & \cdots & \sum_{i=0}^{m} t_i^{2n} \end{bmatrix} \begin{bmatrix} a_0 \\ a_1 \\ \vdots \\ a_n \end{bmatrix} = \begin{bmatrix} \sum_{i=0}^{m} y_i \\ \sum_{i=0}^{m} t_i y_i \\ \vdots \\ \sum_{i=0}^{m} t_i^n y_i \end{bmatrix} \tag{6-14}$$

以上方程为正定方程，存在唯一解。

从式（6-14）解得a_0，a_1，a_2，…，a_n，从而得拟合多项式

$$y = p(t) = \sum_{k=0}^{n} a_k t^k \tag{6-15}$$

基于式（6-15），可以求得未来某时刻t的预测值$p(t)$。

对式（6-15）求导，得

$$y' = p(t)' = \sum_{k=1}^{n} k a_k t^{k-1} \tag{6-16}$$

对于滑坡来说，y为位移监测数据。当拟合精度较高时，t时刻的位移速率可以应用式（6-16）求得，从而可以预测未来某时刻t的变形速率。

当多项式函数的次数达到 4 次时，拟合及预测精度足够高。本章选用 1～4 次多项式回归模型。多项式回归预测模型的精度与所给样本数量有关，样本越多则预测精度越高，但对于不规则数据的预测误差较大。

第7章 滑坡监测预警系统

7.1 需 求 分 析

滑坡地质条件复杂多变，稳定性受诸多因素的影响。随着科技的发展，一些高精度、自动化仪器被应用于滑坡监测中，获取了大量的监测信息，为科学研究提供了宝贵的分析数据源。但由于缺乏高效、实用的监测分析系统，监测数据不能被及时处理并反馈应用。尽管一些工程应用数据库管理系统分析获得了大量的过程曲线及成果图等，但它们的可视化程度低，无法全方位直观展示监测对象周围的空间环境信息，难以反映其整体变形趋势、演化规律、稳定状态等。

近年来，GIS 以其独有的空间数据图形化及强大的空间分析功能，成为滑坡监测分析系统开发的主要平台之一。但目前大多为单机版系统，存在数据共享性差、分析时效性不强、系统利用率低、成本高、更新维护困难等弊端。随着互联网及信息技术的高速发展，基于互联网且具有空间信息共享能力的网络 GIS（WebGIS）已经诞生并发展起来，成为滑坡监测领域又一新的技术平台。

网络 GIS 是将传统 GIS 的功能嵌入 Internet 中，既继承了传统 GIS 空间数据和属性信息一体化、空间数据可视化及强大的空间分析等功能及特点，又能实现浏览器端的数据远程传输和共享，能够解决目前滑坡监测预警数据分析系统所面临的技术难题。因此，基于 WebGIS 和空间分析技术方法体系的滑坡监测预警数据分析系统符合工程人员及滑坡研究人员的迫切需求，具有广阔的应用前景。

7.2 开 发 策 略

7.2.1 WebGIS 的特点及功能

运行在互联网上的 WebGIS，是应用 Internet 技术对传统 GIS 的改造和发展，其根本是将传统 GIS 的功能集成到符合 HTTP 及 TCP/IP 标准的 Internet 技术体系中，具有如下功能和特点。

1）空间信息可视化

WebGIS 以数字化的图形、图像等可视化的方式显示空间数据，并通过 Internet 将数据传输到浏览器端，以数字化的图形方式展示给用户。与一般滑坡监测分析的网络系统相比，WebGIS 的最大优势是在空间框架下实现监测现场的图形化展示和导航、空间信息和属性信息的动态交互查询以及空间分析等功能。

2）空间信息发布

WebGIS 能够将服务器端的空间图形数据通过 Internet 进行传输，使客户端仅需借助廉价的因特网，通过浏览器就可以方便地查看不同地区的图形、图像数据。这为工程人员随时随地查看滑坡监测数据提供了技术支持。

3）空间分析及扩展

为满足专业需求，WebGIS 提供了空间插值分析、叠置分析、缓冲区分析等空间分析功能，并允许根据工程实际，嵌入扩展的功能模块，如专业预测模型等，从而使用户在浏览器端即可对空间数据进行操作，甚至进行滑坡评价和预测。

4）信息资源共享

由于空间信息通过 Internet 进行发布，而不再局限于单机或局域网，滑坡监测及预警信息可以在网络范围内共享，为滑坡监测数据的实时获取、分析提供了方便而有效的途径。

鉴于 WebGIS 的优势和特点，WebGIS 支持下的滑坡监测空间分析系统将成为滑坡监测研究领域具有巨大潜力的一个研究方向。

7.2.2 WebGIS 实现技术

WebGIS 的功能主要通过以下两种技术实现，即浏览器插件法、ASP（Active Server Page）和 ActiveX 混合编程技术。浏览器插件法是在客户端安装第三方插件，该插件能够直接在浏览器端处理服务器端需要完成的一部分地图操作功能，如图形的缩放、平移等。应用这种技术，加快了地图操作的反应速度，减少了网络流量和服务器负载。ASP 是微软公司开发的用于 Web 服务器开发的动态网页设计技术。ActiveX 是微软公司为适应互联网而制订的标准，是用于扩展浏览器功能的公共框架。ActiveX 控件能够在浏览器端显示和处理地图数据，与浏览器无缝结合。应用 ASP 技术，能够将 HTML 页面、脚本语言、数据库系统、ActiveX 控件及其他的服务器组件结合在一起，并支持多种开发语言进行程序开发，使开发人员编程更加方便和快捷。采用这种方式，客户端只需在浏览器的支持下，无须安装软件，就可以对地图数据进行浏览、查询及相关分析等。

7.2.3 开发平台选择

目前发展较成熟的 WebGIS 软件有：美国环境系统研究所（Environmental Systems Research Institute Inc.，ESRI）的 ArcGIS Server；Skyline 公司的 Skyline 系列软件；Autodesk 公司的 MapGuide；MapInfo 公司的 MapXtreme；武汉中地资

讯工程有限公司的MAPGIS-IMS等。这些软件包含了相应的GIS功能组件。实际应用中需要结合网络编程技术及专业功能需求进行编程实现。

Skyline具有独立的开发包TerraDeveloper，是进行二次开发的工具。TerraDeveloper包含三个可视化ActiveX控件（即3DWindow、InformationWindow、Navigation Map）和一组类及其接口，基于这些控件和接口，开发人员可以定制自己的三维GIS应用。Skyline的三维地形场景通过TerraGate以数据流的方式进行发布，从而使客户端非常流畅地访问数据。

ArcGIS Server是一套用于开发网络服务器端程序的组件集。包括两部分内容，即GIS Server和ADF（application developer fraework）。GIS Server是提供GIS服务的服务器端软件，包含核心的AO（ArcGIS Object）库。ADF是用户基于GIS Server的组件库建立和部署Web应用程序的开发框架。基于ArcGIS Server进行二次开发，能够实现地图查询、编辑等基础功能和空间插值、缓冲区分析、路径分析等高级空间分析功能。

本研究选用Skyline的TerraDeveloper和ArcGIS Server分别作为三维和二维GIS开发平台，两种平台相互补充，共同实现滑坡监测信息的可视化显示和多种空间分析功能。

7.2.4　系统架构

本系统采用浏览器/服务器（B/S）架构，基于Skyline和ArcGIS Server开发平台，Oracle 10i数据库，结合滑坡监测数据的专业分析技术及方法，通过ASP编程，建立滑坡监测数据分析网络系统，其主要特点是通过网络发布地理信息并在服务器端进行复杂的专业分析和计算，从而实现滑坡空间地质及监测信息的实时共享、可视化和空间分析等。

该系统采用三层的浏览器/服务器（B/S）架构，包括数据层、业务层和客户端（浏览器）。数据层提供相应的空间及属性数据，可以是关系型数据库Oracle中的数据（监测数据表、属性数据表等）或者基于文件类型来存储的数据（如Personal Geodatabase、ShapeFile、图片等）。业务层由应用服务器和网络服务器组成。应用服务器负责功能的实现，进行大量的数据计算和分析；网络服务器端实时接收来自浏览器的请求，传送到应用服务器进行分析，并调用分析结果返回给客户端显示。客户端负责数据的可视化显示和与用户交互，即用户只需要浏览器，就可以向网络服务器发出请求，实现滑坡信息的查询、分析等工作（图7-1）。

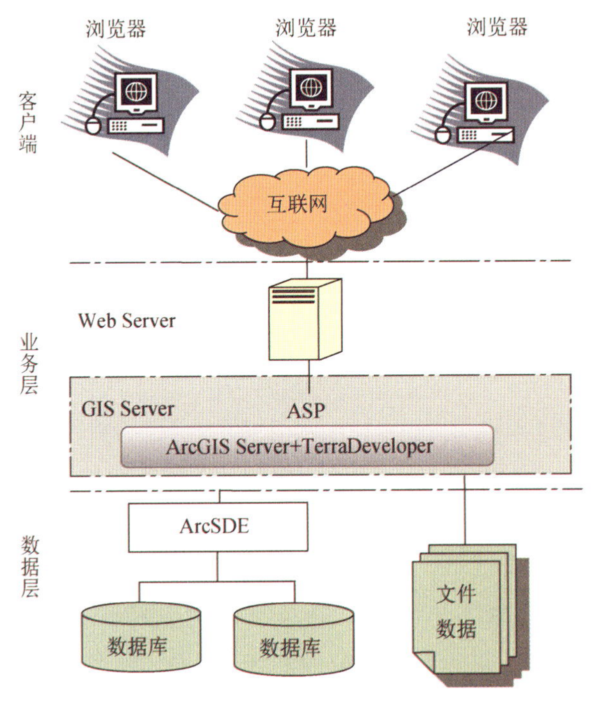

图 7-1　系统网络架构

7.3　功 能 模 块

本系统基于模块化的思想进行开发，从功能的角度共划分为四个模块，即数据管理模块、空间显示及查询模块、空间分析模块和空间预测模块，其总体功能结构如图 7-2 所示。数据管理模块是本系统的基础，为其他各个模块提供相应的数据源。空间显示和查询模块是数据交互的可视化窗口，是快速进行信息查询和分析结果显示的主要通道。空间分析模块用于对原始数据进行可视化分析，以便快速掌握滑坡的变形特征。空间预测是对已有监测数据进行深层次的分析，挖掘数据隐含的潜在信息，从而剖析滑坡的变形规律，进一步对未来时刻的变形趋势进行预测。

下面详细介绍各个功能模块的实现。

1）数据管理模块

该模块的目的是为空间分析提供数据基础，工作重点是进行资料的采集、更新、编辑、查询等管理工作，通过图形化的界面实现对数据资料的远程实时添加、查询和更新，具有良好的持续扩展能力。数据资料包括基本信息、监测数据、工程地质图等。

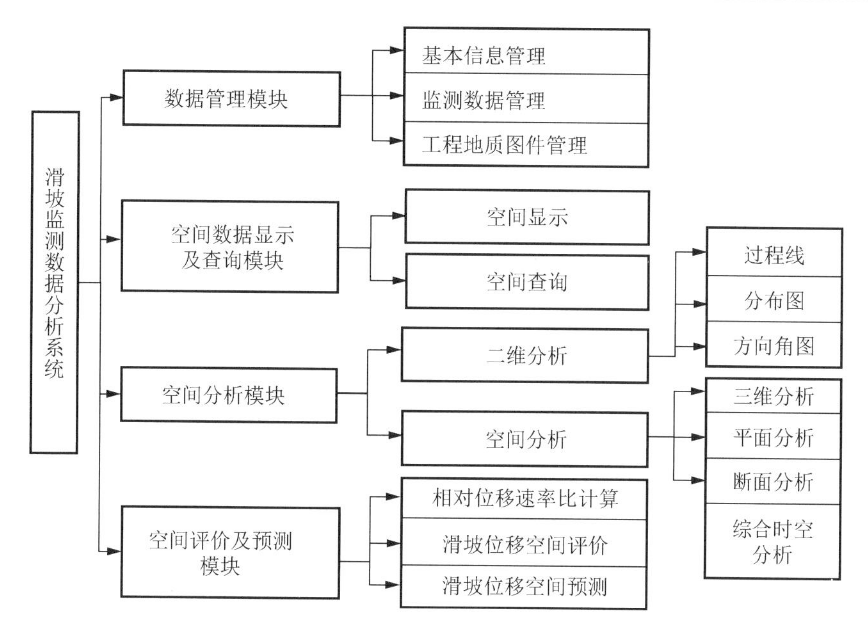

图 7-2　系统功能结构

（1）基本信息包括工程基本信息，如滑坡名称、地理位置、地质条件、类型、规模等滑坡的相关信息，地层岩性、深度、厚度等的地层信息；监测基本信息，如断面线、监测点、监测仪器、监测类型、监测物理量等相关信息。各项监测基本信息与监测物理量值之间的关系如图 7-3 所示。这部分信息在建站时录入，系统运行过程中可以根据实际情况进行修改，尤其是监测点的增删、监测仪器的损坏和更新等。断面线和监测点是通过 ID 号与空间对象进行关联的。

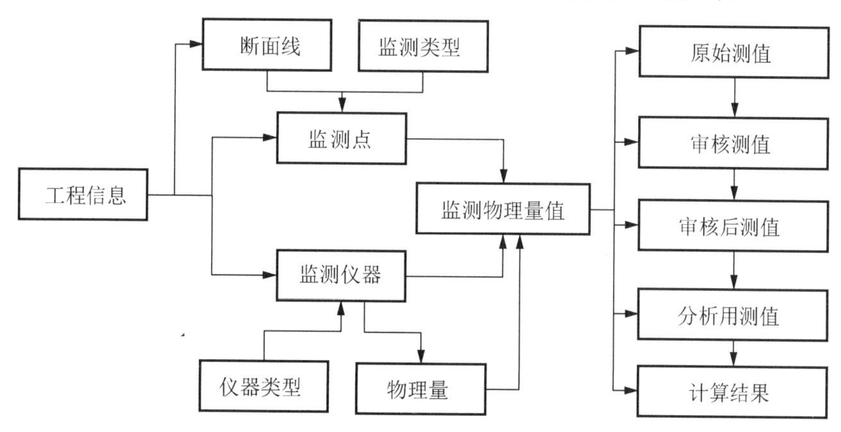

图 7-3　各项监测基本信息与监测物理量值之间的关系

（2）监测数据是指监测仪器测得的物理量值时间序列，是空间分析的核心数据。监测数据与监测点通过监测点 ID 进行关联。监测数据是定期获取的，需要定期进行更新。为方便起见，该模块为用户提供了两种数据录入的方式：一种是以固定属性字段格式逐一录入；另一种则要求用户将数据以系统指定格式事先录入Excel文件中，然后将此文件上传到服务器指定位置，由系统完成数据库的自动更新。监测数据的可靠性关系到后续分析结果的准确性，因此，本系统数据更新包括审核、复核两个环节的数据检查，同时进行错误信息的剔除，保证数据录入的准确性。

（3）工程地质图件包括监测断面图（不包含监测点）和分析结果图等。监测断面图是断面分析的背景底图（CAD 格式）。断面分析中的测点是从平面分析或三维分析中转换而来，因此这里只需存储单独的断面图。断面图的来源有两种：一种是工程监测设计阶段根据勘察数据绘制而成；另一种是由空间数据动态生成。各个断面图必须与断面线建立关联，以便在空间分析中直接调用。分析结果图包括在空间分析和预测的过程中所生成的各种图件，如过程线图、分布图、插值分析图等均以图片的形式输出和存储，为撰写报告提供素材。

系统相关数据如基本信息、监测数据以及工程地质图的存储信息等属性数据存储于Oracle数据库中，图件存储于服务器上，其存储路径等信息记录在Oracle数据库中。数据管理工作包括对数据资料的增删改查，其核心是通过浏览器的图形交互界面实现对数据库的远程操作，图7-4所示为数据管理的界面。

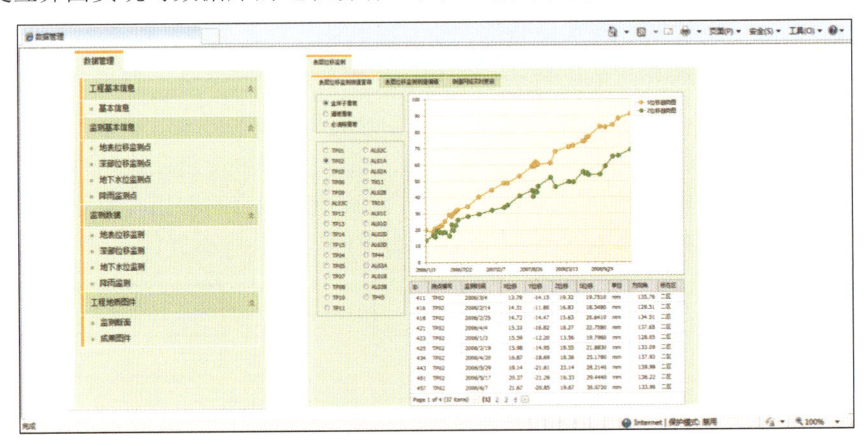

图 7-4　数据管理界面

2）空间数据显示及查询模块

该模块用于实现监测对象的可视化显示及空间数据和属性数据的交互查询，极大地增强了系统的可视性和交互性。

空间显示包括监测对象在三维视图、平面视图和断面视图的可视化。滑坡三维模型基于Skyline软件的TerraDeveloper组件库中的TE3DWindow和TEInformation Window两个ActiveX控件进行显示，并用相关API编程实现平移、旋转、缩放等多种导航功能。滑坡平面模型和断面模型均基于ArcGIS Server平台的Map控件和TOC控件进行显示，并应用Common APIs应用开发实现平移、旋转、缩放导航功能。

GIS 可以对空间图形数据和属性数据共同管理和分析。基于空间对象的唯一标识符与属性记录之间唯一标识符的关联关系，可以将矢量图形系统中的空间对象与属性数据库中的记录连接起来，从而通过空间对象快速获取其测值数据表及趋势图，对于深部位移监测，还能够动态查询其测值分布图；反之，也可以通过测点名称及相关记录快速定位到其所对应的空间位置。这种交互查询的方式为空间分析提供了极大的方便，真正实现了空间数据和属性数据的一体化。图 7-5 为空间对象和属性信息交互查询示意图。

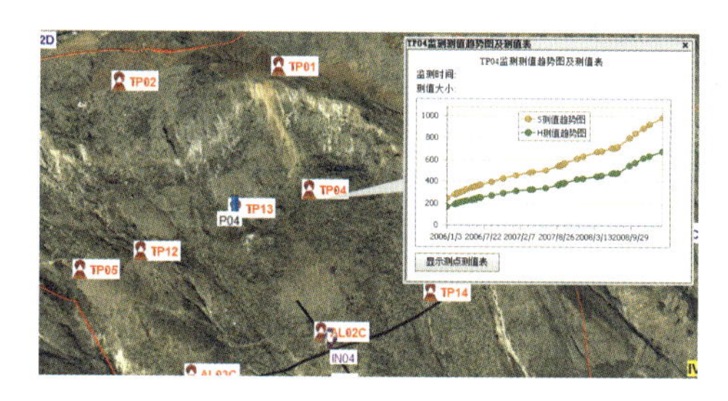

（a）空间对象查询属性信息

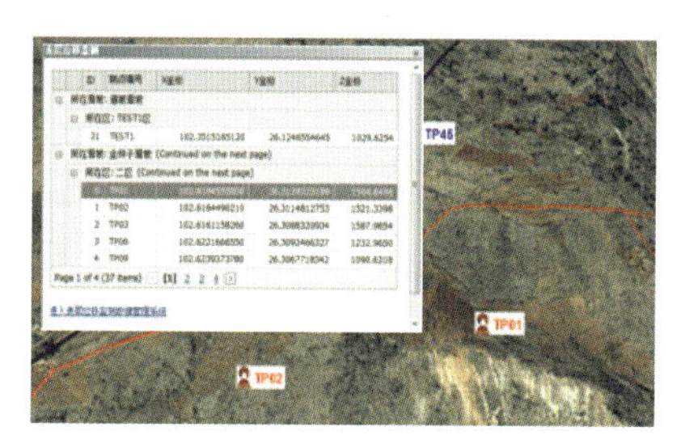

（b）属性信息定位空间对象

图 7-5　空间对象和属性信息交互查询示意图

3）空间分析模块

该模块是本章的核心内容之一，其总体思路是基于空间数据和属性信息交互查询的思想，并根据空间对象（监测点）动态地调用相应的监测数据，生成二维分析图及空间矢量图层，同时以可视化的方式将分析结果展现在客户端，从而为快速辨识滑坡的变形特征提供高效的分析平台。

过程曲线图的核心数列为某一物理量的时间序列（V_{t_1}，V_{t_2}，…，V_{t_n}），可以简化为$V-t$，当叠加多个曲线时，则要判定物理量或监测点是否相同，然后采用不同的策略进行曲线叠加，其算法流程如图 7-6 所示。方向角图的核心数列是合矢量和方向角序列，分为两种：历史时期内同一点的合矢量和方向角序列$\{(V_{t1},\theta_{t1}),(V_{t2},\theta_{t2}),\cdots,(V_{tn},\theta_{tn})\}$，简化为$V_t-\theta_t$；同一日期同一断面或钻孔中各点的合矢量和方向角序列$\{(V_1,\theta_1),(V_2,\theta_2),\cdots,(V_n-\theta_n)\}$，简化为$V_n-\theta_n$，同样可以进行叠加。其分析算法流程如图 7-7 所示。分布图主要对深部位移监测数据进行分析，数据序列为各点高程和钻孔总体变形方向上的位移投影大小，其算法流程如图 7-8 所示。图形化表达的实现方式是将数值型数据转换为 GIS 的矢量数据层的图形要素，并与其他的空间地质及监测信息进行叠加形成，从而直观地表现监测数据与空间其他要素之间的空间关系；插值分析是对离散的数据进行空间插值运算，从而得到连续的面状分布图，并与地图信息叠加，更好地显示数据分布的特征。三维视图、平面视图及断面视图中的图形化表达及综合时空、插值分析算法流程分别如图 7-9～图 7-11 所示。

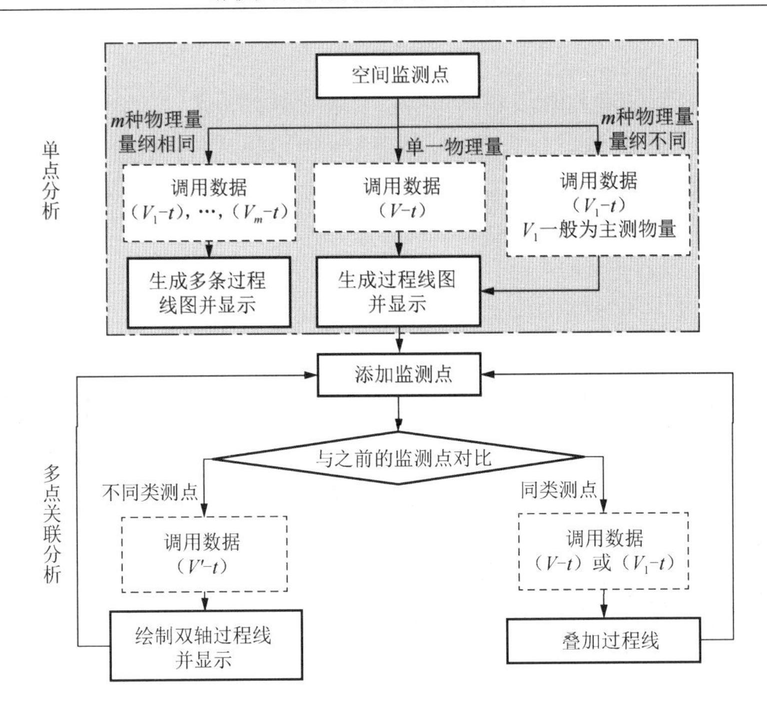

图 7-6　过程线图算法流程

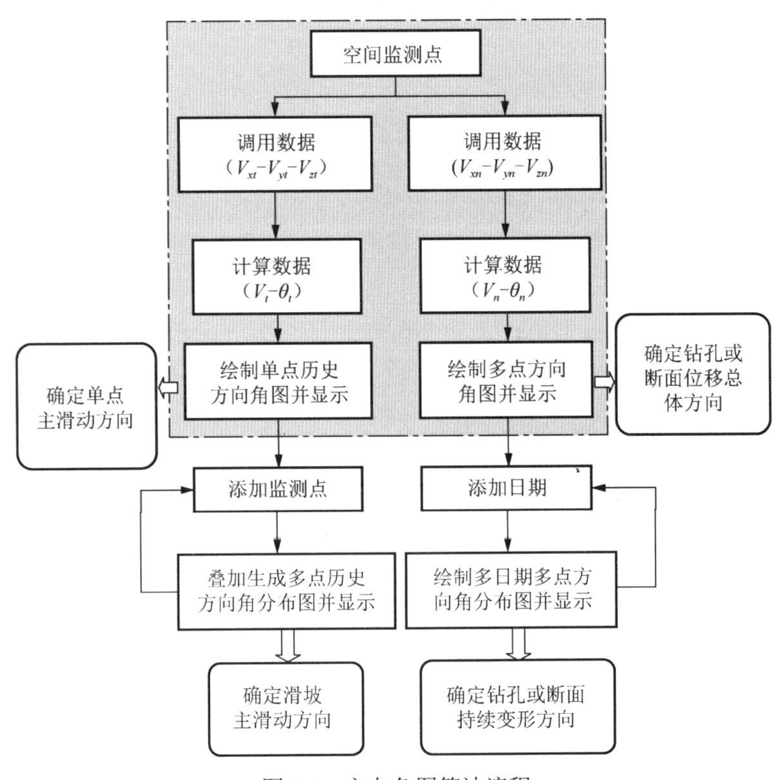

图 7-7　方向角图算法流程

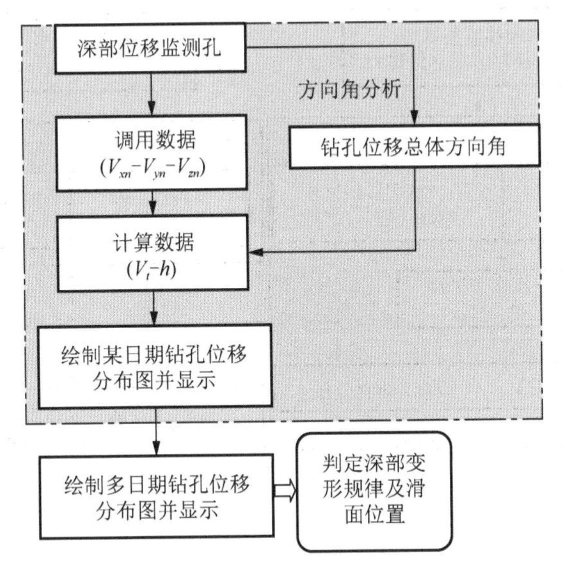

图 7-8　分布图算法流程

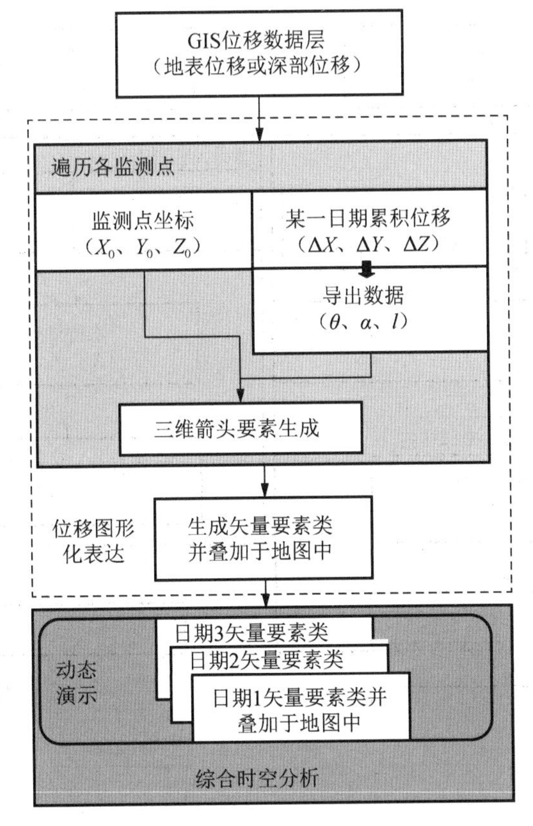

图 7-9　监测数据在三维视图中的图形化表达及综合时空分析算法流程

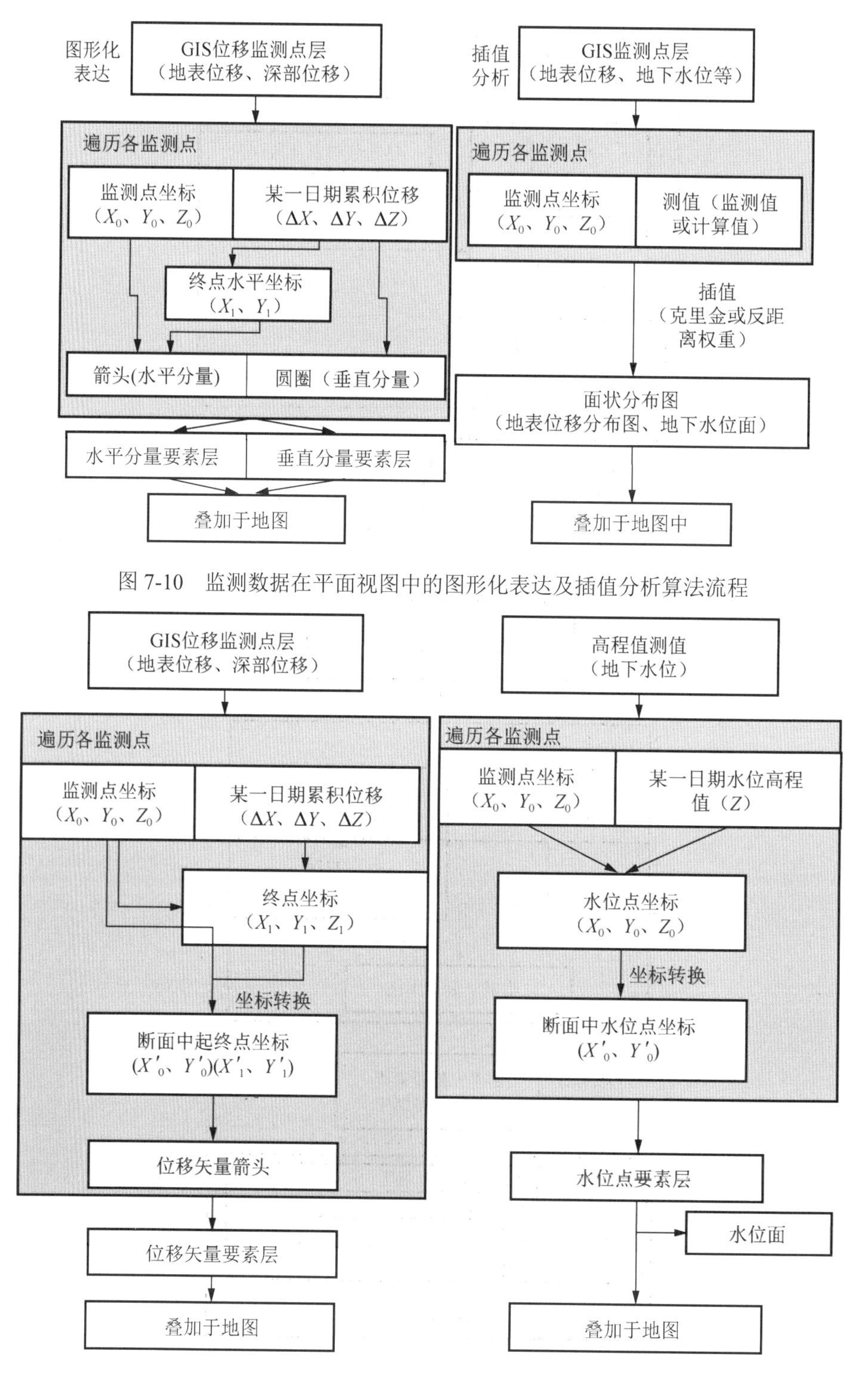

图 7-10　监测数据在平面视图中的图形化表达及插值分析算法流程

图 7-11　监测数据在断面视图中的图形化表达算法流程

4）空间评价及预测模块

该模块基于相对位移速率比方法及平面分析中的插值技术来共同实现，属于平面分析的范畴。首先计算各点的相对位移速率比值，通过空间插值生成连续的相对位移速率比分布图及分级图，快速评价滑坡的整体变形特征。最后，结合传统的时间预测模型，实现滑坡的时空预测，其程序实现流程如图 7-12 所示。

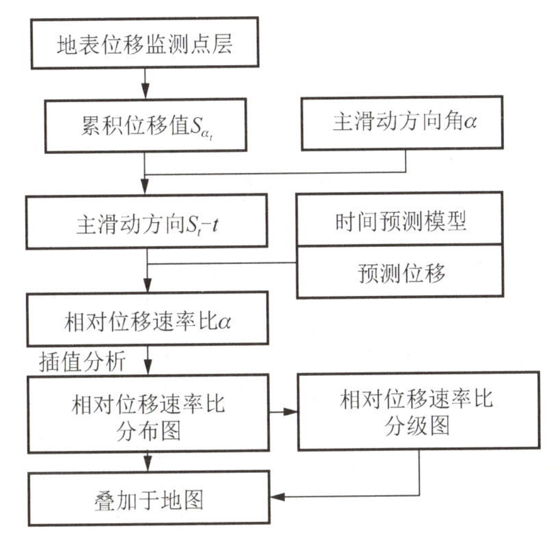

图 7-12　空间评价及预测算法实现流程

从以上分析可以看出，在结构上，各个功能模块之间相互独立，但在功能上，各自之间又相互渗透，相互补充。

7.4　界 面 设 计

图形用户界面是程序与工作人员交互的中介。本节列出本系统中几个主要的界面。图 7-13 显示了本系统的登录界面。

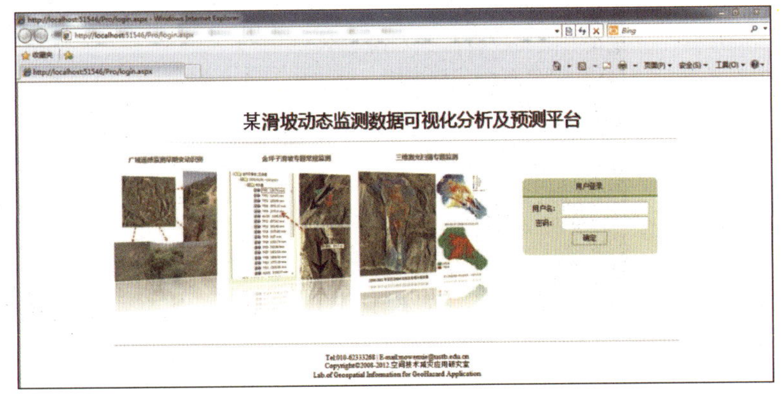

图 7-13　系统登录界面

本系统以三维 GIS 平台作为系统的主界面，如图 7-14 所示。主界面中包含工具栏、图层控制、分析预测标签栏和地图窗口。地图窗口中采用 TerraDeveloper 的相关控件显示三维综合地质信息模型，图层控制标签栏显示三维地图中各个图层信息。通过专业分析菜单选项，可以从三维视图进入平面和断面视图。

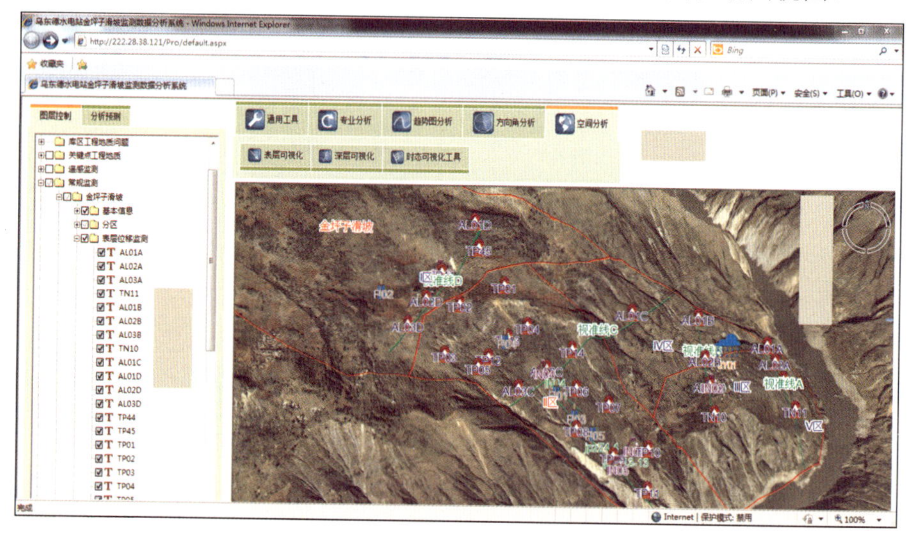

图 7-14　系统主界面

平面分析界面如图 7-15 所示，包含工具栏、图层控制、分析预测标签和地图窗口。地图窗口和图层控制标签分别采用 ArcGIS Server 的 Map 和 TOC 控件来显示空间地图和图层信息。空间预测的功能在平面视图中实现。

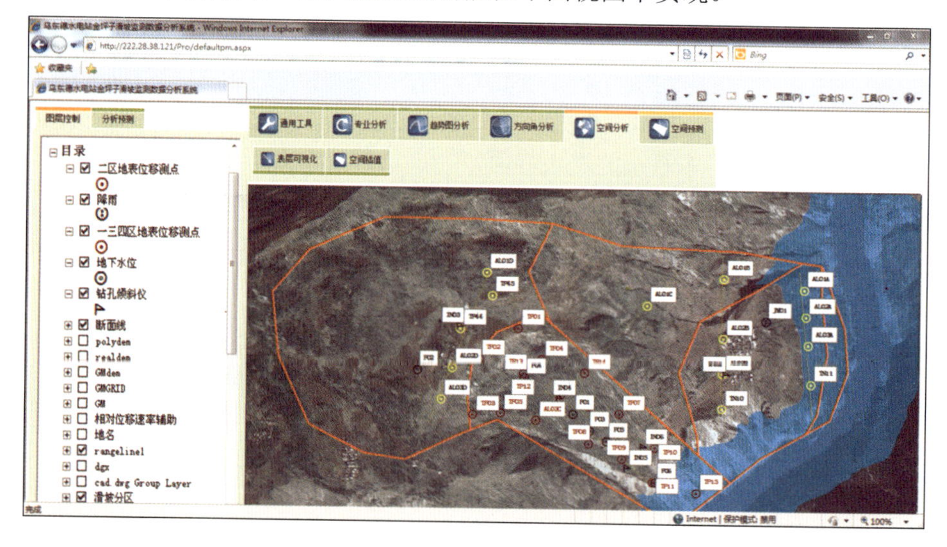

图 7-15　平面分析界面

从三维或平面分析界面，点击某断面，即可打开断面分析界面，如图 7-16 所示。该界面采用 ArcGIS Server 进行地图显示和图层控制。

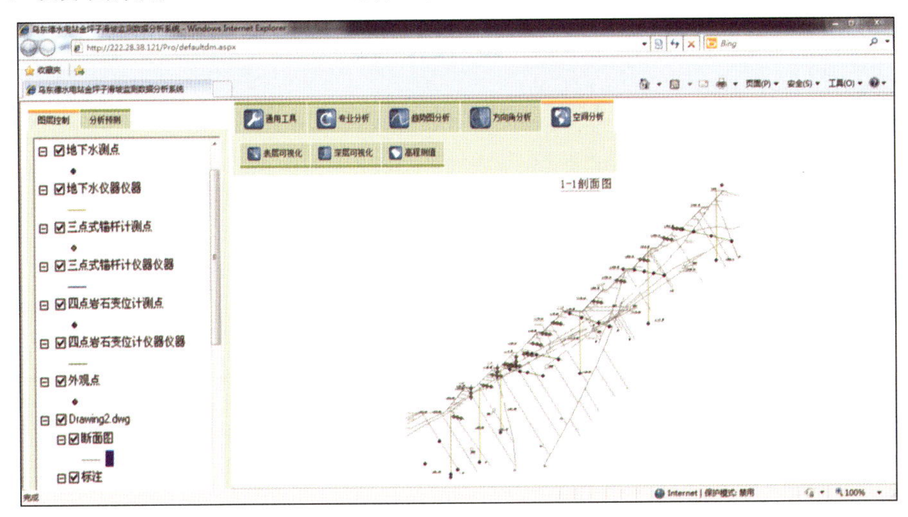

图 7-16　断面分析界面

主要参考文献

陈开圣，彭小平，2006．测斜仪在滑坡变形监测中的应用[J]．岩土工程技术，20（1）：39-41．

董秀军，黄润秋，2006．三维激光扫描技术在高陡边坡地质调查中的应用[J]．岩石力学与工程学报，25（s2）：3629-3635.

龚凯，2009．基于光滑质点水动力学（SPH）方法的自由表面流动数值模拟研究[D]．上海：上海交通大学．

郝亮，2008．基于 SPH 方法的土体大变形数值模拟研究[D]．上海：同济大学．

胡斌，曾学贵，1998．不等时距灰色预测模型[J]．北京交通大学学报，22（1）：34-38．

胡卸文，黄润秋，施裕兵，等，2009．唐家山滑坡堵江机制及堰塞坝溃坝模式分析[J]．岩石力学与工程学报，28（1）：181-189.

李会中，王团乐，黄华，2008．金坪子滑坡Ⅱ区地质特征与防治对策研究[J]．长江科学院院报，25（5）：16-20.

李英成，文沃根，王伟，2002．快速获取地面三维数据的 LiDAR 技术系统[J]．测绘科学（12）：12-25．

吕贵芳，1994．鸡鸣寺滑坡的形成及监测预报[J]．中国地质灾害与防治学报，5（增刊）：376-383．

马国哲，2009．龙门山活动推覆体特大地质灾害形成机理与防治对策研究[D]．兰州：兰州大学．

孟河清，1994．1981 年宝成铁路沿线的洪水和泥砂灾害[J]．灾害学，9（1）：58-62．

齐超，邢爱国，殷跃平，2012．东河口高速远程滑坡——碎屑流全程动力特性模拟[J]．工程地质学报，20（3）：334-339.

王大雁，朱元林，赵淑萍，等，2002．超声波法测定冻土动弹性力学参数试验研究[J]．岩土工程学报，24（05）：612-615.

魏晓楠，2008．滑坡监测预报方法研究及工程应用[D]．贵阳：贵州大学．

吴秀芹，张洪岩，李瑞改，等，2007．ArcGIS 9 地理信息系统应用于实践（下册）[M]．北京：清华大学出版社．

谢谟文，蔡美峰，2005．信息边坡工程学的理论与实践[M]．北京：科学出版社．

谢谟文，胡嫚，杜岩，2014．TLS 技术及其在滑坡监测中的应用进展[J]．国土资源遥感，26（3）：8-15．

徐进军，王海城，罗喻真，2010．基于三维激光扫描的滑坡变形监测与数据处理[J]．岩土力学，31（7）：2188-2196.

许兵，李毓瑞，1988．金川露天矿上盘西区滑坡倾倒滑移复合破坏类型的研究[C]//中国典型滑坡．北京：科学出版社．

殷跃平，2009．汶川八级地震滑坡高速远程特征分析[J]．工程地质学报，17（2）：153-166．

于济民，1992．滑坡预报参数的选择和预报标准的确定方法[J]．中国地质灾害与防治学报，3（2）：39-46．

张波，2007．基于数字图像技术的岩石边坡失稳灾害监测预报的开发研究[D]．郑州：郑州大学．

周武，李强，齐伟．钻孔倾斜仪在三峡左厂坝段岩体深部位移监测中的应用[J]．岩石力学与工程学报，20（增）：1870-1873.

周志斌，2000．大冶铁矿东采场边坡变形破坏特征及滑坡时间预报[J]．中国矿业（S2）：79-82.

祝建，蔡庆娥，姜海波，2010．西藏樟木口岸古滑坡变形监测分析[J]．工程地质学报，18（1）：66-71．

曾裕平，2008．重大突发性滑坡灾害预测预报研究[D]．成都：成都理工大学．

ABELLAN A, JABOYEDOFF M, OPPIKOFER T, et al., 2009. Detection of millimetric deformation using a terrestrial laser scanner: experiment and application to a rockfall event[J]. Natural Hazards and Earth System Sciences, 9:365-372.

ABELLAN A, VILAPLANA J, MARTINEZ J, 2006. Application of a long-range Terrestrial Laser Scanner to a detailed rockfall study at Vall de Núria (Eastern Pyrenees, Spain)[J]. Engineering Geology(88):136-148.

BALTSAVIAS E, 1999. Airborne laser scanning: basic relations and formulas [J]. ISPRS Journal of Photogrammetry and

Remote Sensing, 54:199-214.

BITELLI G, DUBBINI M, ZANUTTA A, 2004. Terrestrial laser scanning and digital photogrammetry techniques to monitor landslide bodies[C]//ALTAN O. Proceedings of the XXth Congress, The International Society for Photogrammetry and Remote Sensing, ISPRS2004. Istanbul: 35(B5): 246-251.

CHEN J K, BERAUN J E, 2000. A generalized smoothed particle hydrodynamics method for nonlinear dynamic problems[J]. Computer Methods in Applied Mechanics and Engineering, 190(1):225-239.

CHEN J K, BERAUN J E, CARNEY T C, 1999. A corrective smoothed particle method for boundary value problems in heat conduction[J]. International Journal for Numerical Methods in Engineering, 46(2):231-252.

COLAGROSSI A, LANDRINI M, 2003. Numerical simulation of interfacial flows by smoothed particle hydrodynamics[J]. Journal of Computational Physics, 191:448-475.

DOMINGUEZ J M, CRESPO A J C, GESTEIRA M, 2011. Neighbour lists in smoothed particle hydrodynamics[J]. International Journal for Numerical Methods in Fluids, 67(12):2026-2042.

GESTEIRA M G, DALRYMPLE R A, 2004. Using a three-dimensional smoothed particle hydrodynamics method for wave impact on a tall structure[J]. J. Waterway, Port, Coastal and Ocean Engr. 130(2):63-69.

GILI J A, et al., 2000. Using global positioning system techniques in landslide monitoring[J]. Engineering Geology, 55:167-192.

GINGOLD R A, MONAGHAN J J, 1977. Smoothed particle hydrodynamics[J]. Monthly Notices of the Royal Astronomical Society, 181:375-389.

HADUSH S, YASHIMA A, UZUOKA R, 2000. Importance of viscous fluidcharacteristics in liquefaction induced lateral spreading analysis[J].Computational Geotechniques, 27(3):199-224.

HERITAGE G, LARGER A, 2009. Laser scanning for the environmental sciences[M]. London: Wiley-Blackwell.

HIREMAGALUR J, YEN K, AKIN K, et al., 2007. Creating standards and specifications for the use of laser scanning in caltrans projects[Z]. California: California Department of Transportation.

HSI-YUNG F, YIXIN L, FENGFENG X, 2001. Analysis of digitizing errors of a laser scanning system[J]. Precision Engineering, 25(3):185-191.

LICHTI D, STEWART M, TSAKIRI M, et al., 2000. Benchmark tests on a three-dimensional laser scanning system[J]. Geomatics Research Australasia, (72):1-24.

LICHTI D, 2007. Error modelling, calibration and analysis of an AM-CW terrestrial laser scanner system[J]. ISPRS Journal of Photogrammetry and Remote Sensing, 61:307-324.

LICHTI D, GORDON S, STEWART M, 2002. Ground-based laser scanners: Operation, systems and applications[J]. Geomatica, 56:21-33.

LICHTI D, JAMTSHO S, 2006. Angular resolution of terrestrial laser scanners[J]. Photogrammetric Record, 21:141-160.

LIU G R, LIU M B, 2003. Smoothed particle hydrodynamics: a mesh-free particle method [M]. Singapore: World Scientific.

LIU M B, LIU G R, 2006. Restoring particle consistency in smoothed particlehydrodynamics[J]. Applied Numerical Mathematics, 56:19-36.

LIU M B, SHAO J R, CHANG J, 2012. On the treatment of solid boundary in smoothed particle hydrodynamics[J]. Science China Technological Sciences, 55(1):244-254.

LIU M B, XIE W P, LIU G R, 2005. Modeling incompressible flows using a finite particlemethod[J]. Applied Mathematics Modelling, 29:1252-1270.

MANETTI L, STEINMANN G, 2007. Integration of a new measuring instrument in an existing generic remote monitoring platform[C]//7th International Symposium on Field Measurements in Geomechanics, Boston.

MONAGHAN J J, 1985. Particle Methods for Hydrodynamics[J]. Computer Physics Report, 3:71-124.

MONAGHAN J J, 1994. Simulating free surface flows with SPH[J]. Journal of Computational Physics, 110(2):399-406.

MONAGHAN J J, KOS A, ISSA N, 2003. Fluid motion generated by impact[J]. J. Waterway，Port，Coastal and Ocean

Eng., 129(6):250-259.

MONAGHAN J J, LATTANZIO J C, 1985. A refined particle method forastrophysical problems[J]. Astronomy and Astrophysics, 149:135-143.

MORRIS J P, 1994. A study of the stability properties of SPH viscosity[J]. Journal of Computational Physics, 136:41-50.

MORRIS J P, FOX P J, ZHU Y, 1997. Modeling low Reynolds number incompressible flows using SPH[J]. Journal of Computational Physics, 136(1):214-226.

PESCI A, TEZA G, VENTURA G, 2008. Remote sensing of volcanic terrains by terrestrial laser scanner: preliminary reflectance and RGB implications for studying Vesuvius crater(Italy)[J]. Annals of Geophysics, 51:619-631.

PPIKOFER T, 2009. Detection analysis and monitoring of slope movements by high-resolution digital elevation models [D]. Switzerland: University of Lausanne.

PROKOP A, PANHOLZERP H, 2009. Assessing the capability of terrestrial laser scanning for monitoring slow moving landslides[J]. Natural Hazards and Earth System Sciences, 9(6):1921-1928.

RANDLE P W, LIBERSKY L D, 1996. Smoothed particle hydrodynamics: some recent improvements and applications[J]. Computer Methods in Applied Mechanics and Engineering, 139(1):375-408.

STROZZI T, FARINA P, CORSINI A, AMBROSI C, et al., 2005. Survey and monitoring of landslide displacements by means of L-band satellite SAR interferometry[J]. Landslides, 2:193-201.

UZUOKA R, YSHIMA A, KAWAKAMI T, et al., 1998. Fluid dynamics based Prediction of liquefaction induced lateralspreadingload[J]. Computersand Geotechnics, 22(3-4):243-282.

VOEGTLE T, SCHWAB I, LANDES T, 2008. Influences of different materials on the measurement of a Terrestrial Laser Scanner (TLS) [C]//The International Archives of the Photogrammetry, Remote Sensing and Spatial Information Sciences. Vol. XXXVII. Part B5, Beijing, 5: 1061-1066.

XIE M, HU M, WANG Z, et al., 2011. Three Dimensional laser scanner to detect large reservoir landslide displacement[C]//SHEPHERD D. Proceedings of 7th International Symposium on Digital Earth (ISDE7). Perth, Australia: Walis Office.